U0211102

智慧未来

李开复

著

人民文学出版社

6

智慧
未来

自　序

　　这本书里收录了我写给青年的七封信，以及我对成长、工作与生活的半生思考。整理和修订这些文字的过程让我有机会回顾过去，重新审视自己一步步走来留下的脚印。

　　我刚进大学时，曾坚定地选择了法律系，后又决定放弃法律，转向自己更加热爱、为之激情燃烧的计算机领域；我也曾经踌躇满志，要在卡内基·梅隆大学走上学术道路，但最终选择了可以直接改变世界的科技商业工作。之后的二十年间，我从苹果公司到SGI，再到微软、谷歌，我能清晰地感受到自己心中的信念——"使影响力最大化，世界因我不同"。2009年，我结束二十年的职业经理人生涯，重新出发，立足中国，创立了致力于帮助年轻创业者的创新工场。

　　那时的我意气风发，充满紧迫感，总想尽可能地抓住每一分钟，拼命地工作，2013年还被美国《时代》杂志评选为"影响全球100位年度人物"之一。没想到的是，几个月后，我就发现自己得了重病。

那时候我常常怨天怨地，责怪老天爷对我不公平。一次偶然的机会拜见星云法师，我与他谈及自己过往的人生目标。大师的一席话让我醍醐灌顶：

> 人是很渺小的，多一个我、少一个我，世界不会有变化；人生难得，人活一回太不容易了，不必想着改变世界，能做好自己就很不易。

于是，我渐渐从偏执的思维中走出来，去思考每一个个体生存和发展的意义。也正是从那个时候起，我逐渐从公司的繁重事务中抽身出来。有很多人惊诧于我这些年职业和心态上的转变。实际上，我很高兴有这样的"变化"。从过度关注科技发展、公司战略、投资运营、改变世界，到珍惜生命、关爱家人、好好体验人生，我从中得到了许多的馈赠。

2019 年 9 月，创新工场走过了第一个十年。而这距离我第一次回到中国大陆，已经过去了二十多年。如果说这其间我有什么没有改变，那就是我一直以来对于青年人的关注。1998 年，我受联合国之邀回国演讲两周，那是我结缘中国青年的起点，此后，我陆续发表了七封给青年学生的信，并多次来到高校与同学们一起交流。无论是早年创办"开复学生网"，还是后来创立创新工场，我都致力于为中国的年轻人搭建一个优质的平台，让他们成长、创业过程中的疑惑可以得到解答，让他们独特的才华可以因为这个平台的赋能而更加光彩。

我可以自豪地说，自己参与了中国互联网的高速发展，更重要的是，在这个过程中，也见证了无数优秀中国青年的成长。虽然今天的我并不像从前那样急切地渴望"世界因我而不同"，但我仍希望尽自己所能，为中国青年一代奉上自己的点滴力量。

我希望把我的半生思考和感悟贡献出来，也许能对你们有所启发；我希望你们与我相遇时看见的不是生命中的一座山峰，而是一座桥梁；我希望自己不是冰冷的过路人，而是会满怀微笑目送你们走向智慧未来的同行者。

李开复

2019 年 12 月

给青年学生的第一封信

——从诚信谈起

引　言

　　我在微软亚洲研究院工作时，一位来自名牌大学的同学问我："开复博士，我希望自己能像您一样成功。根据我的理解，成功就是管人，管人这件事很过瘾。那么，我该怎么做才能走上管理者的岗位呢？"

　　很显然，这位同学误解了成功的真谛。在与中国大学生的接触过程中，我发现这种对成功的误解竟是一个相当普遍的现象。许多同学都会不自觉地在成功与"有财富""有地位"或是"做领导""做管理"之间划上等号。归根结底，这种现象反映了中国学生在价值取向上的一种迷茫，他们在多元化社会和多种价值观的冲击下丧失了自己独立的判断力，并逐渐背离了正确的价值观。

　　看到这样的情形，我内心非常焦虑。其实，真正的成功并不是简单地复制别人的成功之路，也不是盲目地追随某种社会风潮。要想取得真正的成功，必须首先做一个诚信为先的好人，并需要付出足够多的努力，在不断学习和不断与人交流中找到真正属于自己的人生目标。可是，我该如何把这些想法告诉数以千万计的中国学生呢？也许，我该拿起笔来，以自己对成功的思考和多年来积累的经验为基础，给广大青年学生写一封诚恳而热情的信——我觉得，这是我内心最真实的愿望，也是我作为一个有机会融会中西的华人学者所应尽的义务。

　　当时，我要给青年学生写信的想法遭到了身边许多人的反对，他们怕我因此而惹上麻烦，或者被人讥笑为"多管闲事"，甚至还有可能影响到公司的形象。但最终，我还是决定以个人名义在媒体上发出这封公开信——当时使用的题目是《给中国学生的一封信》，因为还没有打算写后续的第二封信，第三封信……

　　该文首先在《光明日报》刊载，随即便被全国各大媒体转载。几乎在一夜之间，网络上各大论坛、各大社区都在迅速转载这封公开信，信的内容在无数所大学里口耳相传。这样巨大的反响的确是我始料不及的，但它也恰好印证了我先前的想法：青年学生在走向成功的道路上需要更多的指引，而我自己有能力也有意愿为他们提供最有效的帮助。

2000 年 5 月 23 日，比尔·盖茨先生在《华尔街日报》上撰文，支持和敦促美国政府给予中国永久性正常贸易国待遇。文中，他特别谈到了在清华大学与中国大学生那次对话的愉快经历以及因此而留下的深刻印象。

这篇文章令我不禁想到，在中国的这两年来，我工作中最大的享受也是到国内各高校与学生们进行交流。这些访问和交流使得我有机会与成千上万的青年学生就他们所关心的事业、前途等问题进行面对面的沟通。中国学生的聪明、好学和上进给我留下了非常深刻的印象。

在与这些青年学生的交流过程中，我发现有一些问题是大家都十分关心的。那些已经获得国外大学奖学金的学生，大都希望我谈一谈应该如何度过自己在美国的学习生涯；那些决定留在国内发展的学生，非常关心如何确定一个正确的方向，并以最快的速度在科研和学业方面取得成功；还有那些刚刚踏进大学校门的学生，则希望我能讲给他们一些学习、做人的经验之谈。最近，更有一些学生关心网络信息产业的发展，希望了解美国的大学生是如何创业和致富的。

看到这么多双渴求知识、充满希望的眼睛，我突然产生了一种冲动，那就是给青年的学生们写一封信，将我与同学们在交流过程中产生的一些想法以及我要对青年学生的一些忠告写出来，帮助他们在未来的留学、工作或者创业的过程中能够人格更完美、生活更顺利、事业更成功。

坚守诚信、正直的原则

我在苹果公司工作时，曾有一位刚被我提拔的经理，由于受到下属的批评，非常沮丧地要我再找一个人来接替他。我问他："你认为你的长处是什么？"他说："我自信自己是一个非常正直的人。"我告诉他："当初我提拔你做经理，就是因为你是一个公正无私的人。管理经验和沟通能力是可以在日后工作中学习的，但一颗正直的心是无价的。"我支持他继续干下去，并在管理和沟通技巧方面给予他很多指点和帮助。最终，他不负众望，成为一个出色的管理人才。现在，他已经是一个颇为成功的公司的首席技术官。

与之相反，我曾面试过一位求职者。他在技术、管理方面都相当的出色。但是，在谈论之余，他表示，如果我录取他，他甚至可以把在原来公司工作时的一项发明带过来。随后他似乎觉察到这样说有些不妥，特做声明：那些工作是他在下班之后做的，他的老板并不知道。这一番谈话之后，对于我而言，不论他的能力和工作水平怎样，我都肯定不会录用他。原因是他缺乏最基本的处世准则和最起码的职业道德——"诚实"和"讲信用"。如果雇用这样的人，谁能保证他不会在这里工作一段时间后，把在这里的成果也当作所谓"业余之作"而变成向其他公司讨好的"贡品"呢？这说明：一个人品不完善的人是不可能成为一个真正有所作为的人的。

在美国，中国学生的勤奋和优秀是出了名的，曾经一度是美国各名校最受欢迎的留学生群体。而现在，却有一些学校和教授声称，他们再也不想招收中国学生了。理由很简单，某些中国学生拿着读博士的奖学金到了美国，可是，一旦找到工作机会，他们就会马上申请离开学校，将自己曾经承诺要完成的学位和研究抛在一边。这种言行不一的做法已经使得美国相当一部分教授对中国学生的诚信产生了怀疑。应该指出，有这种行为的中国学生是少数，然而就是这样的"少数"，已经让中国学生的名誉受到了极大的损害。另外，目前美国有很多教授不理会大多数中国学生的推荐信，因为他们知道这些推荐信根本就是出自学生自己之手，已无参考性可言。这也是诚信受到损害以后的必然结果。

我在微软研究院也曾碰到过类似的问题。一位来这里实习的学生，有一次出乎意料地报告了一个非常好的研究结果。但是，他做的研究结果别人却无法重复。后来，他的老板才发现，这个学生对实验数据进行了挑选，只留下了那些合乎最佳结果的数据，而舍弃了那些"不太好"的数据。我认为，这个学生永远不可能实现真正意义的学术突破，也不可能成为一名真正合格的研究人员。

最后想提的是一些喜欢贪小便宜的人。他们用学校或公司的电话打私人长途、多报销出租车票。也许有人认为，学生以成绩、事业为重，其他细节只是一些小事，随心所欲地做了，也没什么大不了的。然而，就是那些身边的所谓"小事"，往往成为一个人塑造人格和积累诚信的关键。一些贪小便宜、耍小聪明的行为只会把自己定性为一个贪图小利、没有出息的人的形象，最终因小失大。对于这些行为，一言以蔽之，就是"勿以恶小而为之"。

生活在群体之中

与大多数美国学生比较而言，中国学生的表达能力、沟通能力和团队精神要相对欠缺一些。这也许是由于文化背景和教育体制的不同而造成的。今天，当我们面对一个正在走向高度全球化的社会时，生活在群体之中，做出更好的表现，得到更多的收获，是尤为重要的。

表达和沟通的能力是非常重要的。不论你做出了怎样优秀的工作，不会表达，无法让更多的人去理解和分享，那就几乎等于白做。所以，在学习阶段，你不可以只生活在一个人的世界中，而应当尽量学会与各阶层的人交往和沟通，主动表达自己对各种事物的看法和意见，甚至在公众集会时发表演讲，锻炼自己的表达能力。

表达能力绝不只是你的"口才"。哈佛大学的 Ambady 教授最近做过一个非常有趣的实验，他让两组学生分别评估几位教授的授课质量。他把这几位教授的讲课录像带先无声地放两秒钟给一组学生看，得出一套评估结果。然后与那些已经听过这几位教授几个月讲课的学生的结果进行对比，两个小组的结论竟然惊人的相似。这表明，在表达自己思想的过程中，非语言表达方式和语言同样重要，有时作用甚至更加明显。这里所讲的非语言表达方式是指人的仪表、举止、语气、声调和表情等。因为从这些方面，人们可以更直观、更形象地判断你为人、做事的能力，看出你的自信和热情，从而获得十分重要的"第一印象"。

对于一个集体、一个公司，甚至是一个国家，团队精神都是非常关键性的。微软公司在美国以特殊的团队精神著称。像 Windows 2000 这样产品的研发，微软公司有超过三千名开发工程师和测试人员参与，写出了五千万行代码。没有高度统一的团队精神，没有全部参与者的默契与分工合作，这项工程是根本不可能完成的。

相对来说，以前我在别的公司时也曾见到这样的现象。一项工程布置下来，大家明明知道无法完成，但都心照不宣，不告诉老板。因为反正也做不完，大家索性也不努力去做事，却花更多的时间去算计怎么把这项工程的失败怪罪到别人身上去。就是这些人和这样的工作作风几乎把这家公司拖垮。

为了培养团队精神，我建议同学们在读书之余积极参加各种社会团体的工作。在与他人分工合作、分享成果、互助互惠的过程中，你们可以体会团队精神的重要性。

在学习过程中，你千万不要不愿意把好的思路、想法和结果与别人分享，担心别人走到你前面的想法是不健康的，也无助于你的成功。有一句谚语说："你付出的越多，你得到的越多。"试想，如果你的行为让人觉得"你的是我的，我的还是我的"，当你需要帮忙时，你认为别人会来帮助你吗？反之，如果你时常慷慨地帮助别人，那你是不是会得到更多人的回报？

在团队之中，要勇于承认他人的贡献。如果借助了别人的智慧和成果，就应该声明。如果得到了他人的帮助，就应该表示感谢。这也是团队精神的基本体现。

做一个主动的人

几十年前，一个工程师梦寐以求的目标就是进入科技最领先的IBM公司。那时IBM公司对人才的定义是一个有专业知识的、埋头苦干的人。斗转星移，事物发展到今天，人们对人才的看法已逐步发生了变化。现在，很多公司所渴求的人才是积极主动、充满热情、灵活自信的人。

作为当代中国的大学生，你应该不再只是被动地等待别人告诉你应该做什么，而是应该主动去了解自己要做什么，并且规划它们，然后全力以赴地去完成。想想今天世界上最成功的那些人，有几个是唯唯诺诺、等人吩咐的人？对待自己的学业和研究项目，你需要以一个母亲对孩子那样的责任心和爱心全力投入不断努力。果真如此，便没有什么目标是不能达到的。

一个积极主动的人还应该虚心听取他人的批评和意见。其实，这也是一种进取心的体现。不能虚心接受别人的批评，并从中吸取教训，就不可能有更大的进步。比尔·盖茨曾经对公司所有员工说过："客户的批评比赚钱更重要。从客户的批评中，我们可以更好地汲取失败的教训，将它转化为成功的动力。"

除了虚心接受别人的批评，你还应该努力寻找一位你特别尊敬的良师。这位良师应该是直接教导你的老师以外的人，这样的人更能客观地给你一些忠告。这位良师除了可以在学识上教导你之外，还可以在其他方面对你有所指点，包括为人处世、看问题的眼光、应对突发事件的技能等等。我以前在苹果公司负责一个研究部门时，就曾有幸找到这样一位良师。当时，他是负责苹果公司全球运作和生产业务的高级副总裁，他在事业发展方面给我的许多教诲令我终身受益。如果有这样的人给你帮助，那你成长的速度一定会比别人更快一些。

中国学生大多比较含蓄、害羞，不太习惯做自我推销。但是，要想把握住转瞬即逝的机会，就必须学会说服他人、向别人推销自己或自己的观点。在说服他人之前，要先说服自己。你的激情加上才智往往折射出你的潜力，这就是人们常说的化学反应。一般来说，一个好的自我推销策略可以令事情的发展锦上添花。

例如，有一次我收到了一份很特殊的求职申请书。不同于以往大多数求职者，这位申请人的求职资料中包括了他的自我介绍、他对微软研究院的向往，以及他为什么认为自己是合适的人选，此外还有他已经发表的论文、老师的推荐信和他希望来微软做的课题等。尽管他毕业的学校不是中国最有名的学校，但他的自我推销奏效了。我从这些文件中看到了他的热情和认真。在我面试他时，他又递交了一份更充分的个人资料。最后，当我问他有没有问题要问我时，他反问我："你对我还有没有任何的保留？"当时，我的确对他能否进入新的研究领域有疑虑，于是就进一步问了他一些这方面的问题。他举出了两个很有说服力的例子。最后，我们雇用了这名应聘者。他现在做得非常出色。

挑战自我、开发自身潜力

我在苹果公司工作的时候，有一天，老板突然问我什么时候可以接替他的工作？我非常吃惊，表示自己缺乏像他那样的管理经验和能力。但是他却说，这些经验是可以培养和积累的，而且他希望我在两年之后就可以做到。有了这样的提示和鼓励，我开始有意识地加强自己在这方面的学习和实践。果然，我真的在两年之后接替了他的工作。我个人认为：一个人的领导素质对于他将来的治学、经商或从政都是十分重要的。在任何时候、任何环境里，我们都应该有意识地培养自己的领导才能。同时，我建议你给自己一些机会展示这方面的能力，或许像我一样，你会惊讶自己在这一方面的潜力远远超过了想象中那样。

给自己设定目标是一件十分重要的事情。目标设定过高固然不切实际，但是目标千万不可定得太低。在 21 世纪，竞争已经没有疆界，你应该放开思维，站在一个更高的起点，给自己设定一个更具挑战性的标准，才会有准确的努力方向和广阔的前景，切不可做"井底之蛙"。另外，只在一所学校取得好成绩、好名次就认为自己已经功成名就是可笑的，要知道，山外有山，人上有人，而且，不同地方的衡量标准又不一样。所以，在订立目标方面，千万不要有"宁为鸡首，不为牛后"的思想。

一个一流的人与一个一般的人在一般问题上的表现可能一样，但是在一流问题上的表现则会有天壤之别。美国著名作家威廉·福克纳说过："不要竭尽全力去和你的同僚竞争。你更应该在乎的是：你要比现在的你更强。"你应该永远给自己设立一些很具挑战性，但并非不可及的目标。

在确立将来事业的目标时，不要忘了扪心自问："这是不是我最热爱的专业？我是否愿意全力投入？"我希望你们能够对自己选择所从事的工作充满激情和想象力，对前进途中可能出现的各种艰难险阻无所畏惧。谈到对工作的热爱，我认识的一位微软的研究员曾经让我深有感触。他经常周末开车出门说去见"女朋友"，后来，一次偶然机会我在办公室里看见他，问他："女朋友在哪里？"他笑着指着电脑说："就是她呀。"对于工作的热爱，比尔·盖茨也曾有过非常精彩的阐述，他说："每天早晨醒来，一想到所从事的工作和所开发的技术将会给人类生活带来的巨大影响和变化，我就会无比兴奋和激动。"

《北京青年报》上曾有一场探讨比尔·盖茨和保尔·柯察金谁更伟大的讨论。由于从小在美国长大，我并不知道保尔和他的那些事迹。

但是，我非常赞同保尔的这段名言：“人最宝贵的东西是生命，生命属于我们只有一次。人的一生应当这样度过，当他回首往事的时候，不因虚度年华而悔恨，也不因碌碌无为而羞愧……”所以，选择一个你真心热爱的事业，不断地挑战自我、完善自我，让自己的一生过得精彩和充实。

客观、直截了当的沟通

有一次，一位中国的大学教授找到我，希望我帮他找一位国外的专家在他组织的会议上去做主题演讲，末了还特意加了一句，最好是一个洋人。我很不以为然地对他说：“这个领域最具权威的人士就是在北京的一个中国人，为什么你一定要找一位洋人呢？”他表面上同意我的说法，但是他仍然请了一个美国人来做这个演讲，结果效果很差。所以，我们不应该陷入盲目的崇洋情结。我们应该用客观的眼光来判断事物，而不是以他的肤色或他的居住地来决定。

有一句话说，“真理总是掌握在少数人手中”。我们理解这句话的意思，应该有自己的眼光，有独立思考的能力，不一定大多数人认可的，或某个权威说的，就是对的。不论是做学问还是经商，我们都不能盲从，要多想几个为什么。

有了客观的意见，你就应该直截了当地表达。如果做任何事情都像“打太极拳”，会让人不知所云，也会造成很多误会。有一次，在微软研究院工作的一位研究人员就自己所选择的研究方向来征求我的意见，我做了一番分析，认为这个方向有不少问题，我个人认为对学术界的贡献不大，但如果他坚持，我愿意支持他试着去做。结果他认为我这句话的意思实际上就是不允许他去做，所以他就选择了其他的方向。后来他要出差时，负责行政事务的人告诉他："你可以选择坐火车或者坐飞机。"他认为行政人员实际上是在暗示他坐火车，因为坐飞机太贵。其实，他的猜测都是错误的。因为我们的沟通方式是直截了当，而他却在"打太极拳"。这之后，我们通过一系列的公司文化讲座，让员工们了解到：心里想什么就讲什么，不要把简单的问题复杂化。现在，研究院里这类的误会少了很多。

拐弯抹角，言不由衷，结果浪费了大家的宝贵时间。瞻前顾后，生怕说错话，结果是变成谨小慎微的懦夫。更糟糕的是还有些人，当面不说，背后乱讲，这样对他人和自己都毫无益处，最后只能是破坏了集体的团结。这样的人和作风既不能面对社会，也不可能在科学研究中走出新路，更不可能在激烈的商战中脱颖而出。

希望同学们能够做到开诚布公，敢于说"不"，这才是尊重自己思想意愿的表现。当然，在表达你的意见时，无论反对和批评都应是建设性的，有高度诚意的，而不是为批评而批评，为辩论而批评。我赞成的方式是提供建设性的正面的意见。在开始讨论问题时，任何人先不要拒人千里之外，大家把想法都摆在桌面上，充分体现个人的观点，这样才会有一个容纳大部分人意见的结论。当然，你也要学习用适当的方法和口气表达你的意见，比如说不要在很多人面前让别人难堪。这样，你的批评才会奏效。

珍惜校园学习生活

报纸上曾登出一条消息，说有中学生辍学去开网络公司。我认为这并不值得提倡。对绝大多数学生来讲，在校生活是系统地学习基础理论知识，学习思考和解决问题方式的好机会。这些知识将成为你未来发展过程中所需要的最基本的知识和技能。就像建一栋高楼，如果不打好基础是经不起风吹雨打的。

在全球范围内，美国在许多领域的研究水平无疑是世界一流的。而除了美国之外，你会发现英国的研究水平也是相当突出的。究其原因，其实就是语言问题。英国人可以毫无阻碍地阅读美国乃至全球各种最新的英文研究报告和资料。这对于他们把握研究方向，跟踪最新进展，发表研究成果都有很大的帮助。因此，英语学习对于我们做研究的人来说，也是相当重要的。只有加强这方面素质的培养，才能适应将来的发展。我建议：学英语先学听说，再学读写，而且务必在大学阶段完全解决英语学习的问题。等到年龄大了，要付出的代价相比就会大得多。

除了英语之外，数学、统计学对理工科学生也是很重要的基础课程，是不可忽视的。数学是人类几千年的智慧结晶，你们一定要用心把它学好，不能敷衍了事。我今天就很后悔自己当初没有花更多工夫把数学学得更好些。另外，计算机应用、算法和编程也都是每一个工科学生应该熟悉和掌握的，它们是将来人人必须会用的工具。

科技的发展可谓日新月异。在校学习的目的，其实就是掌握最基本的学习工具和方法。将来利用这些工具和方法，再去学习新的东西。比如：上课学会了 C++，能否自己学会 Java？ 上课学会了 HTML，能否自己学会 XML？ 与其说上大学是为了学一门专业，不如说是为了学会如何学习，让自己能够"无师自通"。

大学毕业后的前两年，同学们聚到一起，发现变化都还不算大。五年后再聚到一起，变化就大多了。一些人落伍了，因为他们不再学习，不再能够掌握新的东西，自然而然地落在了社会发展的后面。如果我们要在这个竞争激烈的社会中永不落伍，那就得永远学习。

我的老板 Rick Rashid 博士是目前微软公司主管研究的高级副总裁，他已经功成名就，却始终保持着一颗学习和进取的心。现在，他每年仍然编写大约五万行程序。他认为：用最新的技术编程可以使他保持对计算机最前沿技术的敏感，使自己能够不断进步。今天，有些博士生带着低年级的本科生和硕士生做项目，就自满地认为自己已经没有必要再编程了。其实，这样的做法是很不明智的。

每次到清华和其他学校访问，被问到最多的就是学生打工的问题。我认为，打工从总体来说对学生是一件好事，是拓宽视野的一种方式。例如：在研究机构打工，可以学到最新的科技；在产品部门打工，可以学到开发的技术和技能；在市场部门打工，可以理解商业的运作。我认为每一个学生都应该有打工的经验，但不要打一些"没用的工"。首先要明白打工只是学生生活中的一种补充，学习才是最重要的。打工的目的是开阔眼界，不是提前上班。如果你把翻译书本、录入数据库所花的时间投入学习，将来可以赚更多的钱。那些钱将远远超出目前打工的收入。

此外，还有一些学生受到目前退学创业的鼓励，为成为中国的比尔·盖茨和迈克尔·戴尔而中途辍学。以我的观点，除了十分特殊的情况，我不建议在校学生退学创业。你所看到的那些退学创业的成功者实际上少之又少。目前，大部分学生虽有创业的想法，但缺少创业的经验，所以失败的可能性非常大。如果要成功，我建议你们先把书读好。如果是要学习创业的经验，你完全可以利用假期的时间先去一家公司边打工边学。比尔·盖茨也曾说过："如果你正在考虑自己成立一家新公司，你应该首先明确地知道：创办公司需要巨大的精力投入，要冒巨大的风险。我觉得你们不必像我，一开始就创办一家公司。你应该考虑加盟其他公司并在这家公司中学习他们的工作、创业方法。"

你想戴一顶什么样的博士帽

在我进入卡内基·梅隆大学攻读计算机博士学位时，系主任曾对我讲："当你拿到你的博士学位时，你应该成为你所从事的研究领域里世界第一的专家。"这句话对于初出茅庐的我来说简直高不可攀，但也让我踌躇满志、跃跃欲试。就这样，在经过五年寒窗、夜以继日的努力工作后，他所期待的结果就那么自然而然地出现了。一个打算攻读博士学位的人，就应该给自己树立一个很高的目标。如果没有雄心壮志，就千万不要自欺欺人，也许经商或从事其他工作，会有更大的成绩。

在目标确立之后，我建议你为自己设计一个三年的学习和科研计划。首先，你需要彻底地了解在相关领域他人已有的工作和成绩。然后再提出自己的想法和见解，做脚踏实地的工作。另外，还要不断跟踪这个领域的最新研究进展。只有这样，才可以把握好方向，避免重复性工作，把精力集中在最有价值的研究方向上。

在学术界，人们普遍认为"名师出高徒"。可见导师在你的成长道路中作用是多么的大。所以，你应该主动去寻找自己所研究的领域里最好的老师。除了你的老师之外，你还应该去求教于周围所有的专家。更不要忘了常去求教"最博学的老师"——互联网！现在，几乎所有的论文、研究结果、先进想法都可以在网上找到。我还鼓励你直接发电子邮件去咨询一些世界公认的专家和教授。

以我的经验，对于这样的邮件，他们中的大部分都会很快给你回复。

我在攻读博士学位时，每周工作七天，每天工作十六个小时，大量的统计结果和分析报告几乎让我崩溃。那时，同领域其他研究人员采用的是与我不同的传统方法。我的老师虽然支持我，但并不认可我的研究方向。我也曾不止一次地怀疑自己的所作所为是否真的能够成功。但终于有一天，在半夜三点时做出的一个结果让我感受到了成功的滋味。后来，研究有了突飞猛进的进展，导师也开始采用我的研究方法。我的博士论文使我的研究成为自然语言研究方面当时最有影响力的工作之一。读博士不是一件轻松的事，切忌浮躁的情绪，而要一步一个脚印，扎扎实实地工作。也不可受一些稍纵即逝的名利的诱惑，而要200％的投入。也许你会疲劳、会懊悔、会迷失方向，但是要记住，你所期待的成功和突破也正孕育其中。那种一切都很顺利，谁都可以得到的工作和结果，我相信研究价值一定不高。

从一定意义上讲，一个人如果打算一辈子从事研究工作，那么从他在读博士学位期间所形成的做事习惯、研究方法和思维方式基本上就可以判断出他未来工作的轮廓。所以，你一定要做一个"有心人"，充分利用在校的时间，为自己的将来打好基础。

写在最后的话

上述一些观点，是我在与同学们交往过程中的一些感受。我希望这些建议和想法能对正在未来之路上跋涉的你们有所启发，能对你们目前的学习有所帮助。或许因为观点不同、人各有志，或许因为忠言逆耳，这封信可能无法为每一位同学所接受。但是只要一百位阅读这封信的同学中有一位从中受益，这封信就已经比我所做的任何研究都更有价值。

给青年学生的第二封信

——从优秀到卓越

引　言

　　调回微软总部后，因为工作繁忙，我一直没能抽出时间和青年学生做更深入的交流。一个偶然的机会，我回到中国做了几次演讲。当时，演讲的主办者希望我多谈一谈激励中国学生的内容，多讲讲计算机科学的最新发展。但在准备的过程中，我逐渐认识到，中国大多数学生需要的也许不是具体的知识和单方面的建议，而是如何更好地提高自己，如何培养自己的素养，发掘自己的潜力。因为在我《给青年学生的第一封信》发表后，大量充满激情的读者来信让我深深体会到中国学生对于正确的价值观及优秀的人生态度的渴求；甚至有人说，我那封公开信的价值远远超过了我在科研领域所写的一些论文的贡献。

　　本着这样的思路，我将这次演讲看作是一个与学生交流并帮助他们提高自己的好机会。最终，我的演讲围绕着个人素质、情商和领导能力等几个中心话题展开，用我的真情实感和切身体验感染了台下无数的大学生，在听众中获得了热烈的反响。

　　此次演讲的一个中心话题是如何具备出色的领导能力，如何实现从优秀到卓越的跨越。其实，这也正是我在微软总部工作时不断体会和积累的一次总结。当时，我领导着数百人的团队，在新的技术和产品领域不断挑战极限。这样的领导工作经历使我真正懂得，要想成为一个出色的领导者，就要从学生时代开始，努力培养自己的个人素质以及与人相处的能力。此外，我也与《从优秀到卓越》（*Good to Great*）和《基业长青》（*Built to Last*）这两本书的作者吉姆·柯林斯（Jim Collins）做了深入的沟通和探讨。我从柯林斯的培训以及他撰写的两本书中学到了许多有用的东西，并把它们融入了我的演讲之中。

　　以这次演讲为基础，结合三年来我与中国学生讨论成功和领导能力时积累下来的许多观点和思路，我写出了《给青年学生的第二封信》，作为第一封信的提高和补充，并在《中国青年报》等媒体上公开发表（后来还被收入了电子工业出版社《中国智慧——微软亚洲研究院院长话题》一书）。

　　《第二封信》发表后，无数学生通过电子邮件告诉我他们的感想，其中一位说道："开复老师，是您让我知道了提高和充实自己的最佳途径，是您让我重新振奋了精神，充满了前进的勇气！"其实，用不着更高的褒奖或鼓励，只要能时常听到学生们这些发自肺腑的声音，只要能时常看到青年学生不断取得进步，我就非常非常满足了。

我在《给青年学生的第一封信》中，与广大青年学生一道，讨论了一些大家共同关心的话题，并结合自己的学习和工作经历，就青年学生如何对待机遇、学业、工作、他人、自己等问题，阐述了我的个人意见。我提出具备诚信和正直、培养主动意识、客观直接的交流和沟通、一生努力学习这几个个人素质方面值得中国学生高度重视。

在这三年，许多中国学生，经过电子邮件、讲座后的问答、座谈和其他渠道（例如在电视节目"对话"中)，常对我提到"如何成才"的问题。对于这个大家关注的问题，我整理了许多材料，集成这封"第二封信"。

在第一封信里所提到的个人素质或"价值观"是成材的必要的基础。但是，除了素质之外，成才同样需要领导能力（Leadership）。很多人误以为领导能力最重视的是天资、号召力、管理能力。但是，根据我个人的经验，和最近一些研究的结论，如果你想成为一名成功的领导，最重要的不是你的智商（IQ），而是你的情商（EQ）。最重要的不是要成为一个有号召力、令人信服的领导，而是要成为一个"谦虚""执著"和有"勇气"的领导。

这第二封信是为那些希望不断提高自己，不断学习事业成功所必需的基本技能和领导艺术的人所写的。第一部分重申了第一封信中讨论过的有关个人素质的话题；第二部分阐释了领导能力中最重要的情商；第三部分给出了卓越的领导所必须具备的、有别于普通人的基本特质。

如何提高个人素质

诚信和正直

一个人的人品如何直接决定了这个人对于社会的价值。而在与人品相关的各种因素之中，诚信又是最为重要的一点。微软公司在用人时非常强调诚信，只雇用那些最值得信赖的人。去年，当微软列出对员工期望的"核心价值观"时，诚信与正直（Honesty and Integrity）被列为第一位。

在我发表第一封信后，曾经有一位同学问我：为什么一个公司要如此关注员工的道德呢？我回答：这是为了公司自己的利益。例如，一位应聘者在面试时曾对我说，如果他能加入微软公司，他就可以把他在前一家公司所做的发明成果带过来。对这样的人，无论他的技术水平如何，我都不会雇用他。他既然可以在加入微软时损害先前公司的利益，那他也一定会在加入微软后损害微软公司的利益。

另外有一位同学看了"对话"后问我，为什么我会把诚信放在智慧之前呢？难道我们会去衡量员工的诚信和他们的智慧而给诚信更高的比重？其实，我们的衡量都在直接的工作目标上，并不会对诚信或智慧做直接的衡量。但是，作为第一"核心价值"，诚信是我们对员工最基本的要求。我们根本不会去雇用没有诚信的人。如果一个员工发生了严重诚信的问题，他会被立刻解雇。

当一个公司这么重视诚信，员工一定更值得信赖。因此，公司对员工也能够完全信任，让他们发挥自己的才能。在微软公司，公司的各级管理者都会给员工较大的自由和空间发展他们的事业，并在工作和生活上充分信任、支持和帮助员工。只要是微软公司录用的人，微软公司就会百分之百地信任他。和一些软件企业对员工处处提防的做法不同，微软公司内的员工可以看到许多源代码，接触到很多技术或商业方面的机密。正因为如此得到公司的信任，微软的员工对公司才有更强的责任心和更高的工作热情。

培养主动意识

坦白地说，中国的学生和职员大多属于比较内向的类型，在学习和工作中还不够主动。在学校时，学生们往往需要老师安排学习任务，或是按照老师的思路做课题研究。在公司里，中国职员常常要等老板吩咐做什么事、怎么做之后，才开始工作。此外，许多中国人并不善于推销和宣传自己，这恐怕和中国自古以来讲求中庸的文化氛围有很大关系。

但是，要想在现代企业中获得成功，就必须努力培养自己的主
动意识：在工作中要勇于承担责任，主动为自己设定工作目标，并不
断改进方式和方法；此外，还应当培养推销自己的能力，在领导或同
事面前要善于表现自己的优点，有了研究成果或技术创新之后要通过
演讲、展示、交流、论文等方式和同事或同行分享，在工作中犯了错
误也要勇于承认。只有积极主动的人才能在瞬息万变的竞争环境中获
得成功，只有善于展示自己的人才能在工作中获得真正的机会。

客观、直接的交流和沟通

开诚布公的交流和沟通是团队合作中最重要的环节。人与人之
间遮遮掩掩、言不由衷甚至挑拨是非的做法，都会严重破坏团队中
的工作氛围、阻碍团队成员间的正常交流，并最终导致项目或企业
经营失败。

比如，在开会讨论问题的时候，与会的所有人员都应当坦诚地
交换意见，这样才能做出正确的决定。如果某个人因为考虑到某些其
他因素（比如不愿反驳上级领导的意见）而在会议上不敢表达自己的
观点，一味地唯唯诺诺，会后到了洗手间里再和别人说"其实我不同
意他的观点"，这种戴着假面具工作的人不但不能坚持自己的观点，
还会破坏公司内部的沟通和交流渠道，对工作产生负面的影响。

微软公司有一个非常好的文化叫"开放式交流"（Open Communication），
它要求所有员工在任何交流或沟通的场合里都能敞开心扉，完整地表

达自己的观点。在微软公司开会时，大家如果意见不统一，一定要表达出来，否则公司可能错过良机。当互联网刚开始时，很多微软的领导者不理解、不赞成花太多精力做这个"不挣钱"的技术。但是有几位技术人员，他们不断地提出他们的意见和建议，虽然他们的上司不理解，但是仍然支持他们"开放式交流"的权利。后来，他们的声音很快到达比尔·盖茨那里，促成比尔改变公司方向，彻底支持互联网。从这个例子我们可以看到，这种开放的交流环境对微软公司保持企业活力和创新能力都是非常重要的。

彻底的开放式交流也有缺点。开放式交流有时会造成激烈的辩论甚至是争吵，而吵到气头上有时会说出不尊重别人的语言，会破坏人与人之间的关系。因此，微软公司的总裁史蒂夫·鲍尔默在公司的核心价值观中，提出要把这种开放式交流文化改进成"开放并相互尊重"（Open and Respectful）。这就要求在相互交流时充分尊重对方。当不同意对方的意见时，一定要用建设性的语言提出。

挑战自我、学无止境

从一名大学生到一名程序员，再到一位管理者，在软件人才的成长历程中，学习是永无止境的。在大学期间，我们要打好基础，培养自己各方面的素质和能力；工作以后，我们应当努力在实际工作中学习新的技术并积累相关经验；即使走上了管理岗位，我们也应当不断学习，不断提高自己。软件产业本身就是一个每天都会有新技术、新概念诞生，充满了活力和创造力的产业。作为软件产业的从业人员，如果只知道闭门造车、抱残守缺，我们就必然会落伍，必然会被市场淘汰。

许多中国学生喜欢与别人竞争，但这种竞争更多地表现为一种"零和游戏"，无法使自己和他人得到真正的提高。我建议大家最好能不断和自己竞争——不要总想着胜过别人，而要努力超越自我，不断在自身的水平上取得进步。

在学习的过程中，打好基础最为重要。从软件产业对人才的需求来看，我们必须学好数学和英语这两门基础学科。数学是所有工程科学的基础，无论是软件产品的开发，还是软件技术的研究，都要大量使用数学方法和数学原理。英文则是软件行业中的国际通用语言，要想了解国际上软件技术的发展趋势，掌握最新的研究成果，或是与国外同行进行技术交流，就必须掌握英文的听、说、读、写，能够在工作中熟练使用英文来解决问题。

情商和领导能力

同学们都希望增进自己的领导能力。从我的经验和一些最近的研究结果看来，领导能力中最重要的是所谓的"情商"（EQ）。

智商（IQ）反映人的智慧水平，情商则反映了人在情感、情绪方面的自控和协调能力。在高新技术企业中，大家都知道智慧的重要，但是情商的重要性甚至超过了智商。我看过一篇文章，该文的作者调查了一百八十八个公司，他用心理学方法测试了这些公司里每一名员工的智商和情商，并将测试结果和该员工在工作上的表现联系在一起进行分析。经过研究，该文的作者发现，在对个人工作业绩的影响方面，情商的影响力是智商的两倍。此外，他还专门对公司中的高级管理者进行了分析。他发现在高级管理者中，情商对于个人成败的影响力是智商的九倍。这说明，智商略逊他人的人如果拥有更高的情商指数，也一样可以获得成功；反之，智商很高，但情商不足的人欠缺"领导能力"，很难成为一个成功的领导。

什么是情商？

在现代社会，如果你只知道智商而不晓得情商的话，你至少在意识上已经落伍了。许多心理学家早已明确地指出，单单使用智商的标准考察一个人在才智方面的表现，并不足以准确预测这个人在事业上可能取得的成就。为了全面考察个人能力，特别是考察个人在社会生活中的适应能力和创造能力，心理学家们提出了情商的概念。

情商主要是指那些与认识自我、控制情绪、激励自己以及处理人际关系等相关的个人能力。在情商所描述的各项能力因素中，自觉、同理心、自律和人际关系是四种对现代人的事业成败起决定性作用的关键因素。

智商是先天赋予的，但是情商是可以培养的。多花工夫理解和应用这四种情商的关键因素。除此之外，因为情商不是自己能看清楚的，我建议可多理解别人对你的看法、多听取别人（尤其是情商高的人）的意见。

自觉

中国人常说，"人贵有自知之明"。这实际上是说，社会生活中的每个人都应当对自己的素质、潜能、特长、缺陷、经验等各种基本能力有一个清醒的认识，对自己在社会工作生活中可能扮演的角色有一个明确的定位。心理学上把这种有自知之明的能力称为"自觉"，这通常包括察觉自己的情绪对言行的影响，了解并正确评估自己的资质、能力与局限，相信自己的价值和能力等几个方面。

我的下属中有一个"自觉心"明显不足的人：他虽然有一些能力，但是他自视甚高，总是对自己目前的职位不满意，随时随地自吹自擂，总是不满现状。前一段时间，他认为我不识才，没有重用他，决定离开我的组，并期望在公司的其他组中另谋高就。但是，他最终发现，自己不但找不到更好的工作，公司里的同事也都对他颇有微词，认为他缺少自知之明，期望和现实相距太远。最近，他沮丧地离开了公司。接替他职位的人，是一个能力很强，而且很有"自觉心"的人。虽然这个人在上一个职位工作时不很成功，但他理解自己升迁太快，愿意自降一级来做这份工作，以便打好基础。他现在的确做得很出色。

简单地说，一个人既不能对自己的能力判断过高，也不能轻易低估自己的潜能。对自己判断过高的人往往容易浮躁、冒进，不善于和他人合作，在事业遭到挫折时心理落差较大，难以平静对待客观事实；低估了自己能力的人，则会在工作中畏首畏尾、踟蹰不前，没有承担责任和肩负重担的勇气，也没有主动请缨的积极性。无论是上述哪一种情况，个人的潜力都不能得到充分的发挥，个人事业也不可能取得最大的成功。

有自知之明的人既能够在他人面前展示自己的特长，也不会刻意掩盖自己的欠缺。坦诚自己的不足而向他人求教不但不会降低了自己，反而可以表示出自己虚心和自信，赢得他人的青睐。比如，当一个领导对某个职员说"在技术上你是专家，我不如你，我要多向你学习"的时候，职员不但认为这个领导非常谦虚，也一定会对这个领导更加信任，因为他理解自己的能力。

在微软公司，大家在技术上互帮互学，在工作中互相鼓励，没有谁天天都摆出盛气凌人的架子，也没有谁自觉矮人一头，这就自然营造出了一种坦诚、开放的工作氛围。

有自知之明的人在工作遇到挫折的时候不会轻言失败，在工作取得成绩时也不会沾沾自喜。认识自我、准确定位自我价值的能力不仅仅可以帮助个人找到自己合适的空间及发展方向，也可以帮助企业建立起各司其职、协同工作的优秀团队。有自知之明的人让人感觉他是一个自信、谦虚、真诚的人。

同理心

同理心（Empathy）是一个比较抽象的心理学概念，但解释起来非常简单：同理心指的是人们常说的设身处地、将心比心的做法。也就是说，在发生冲突或误解的时候，当事人如果能把自己放在对方的处境中想一想，也许就可以更容易地了解对方的初衷，消除误解。我们在生活中常说"人同此心，心同此理"，就是这个道理。

人与人之间的关系没有固定的公式可循，要从关心别人、体谅别人的角度出发，做事时为他人留下空间和余地，发生误会时要替他人着想，主动反省自己的过失，勇于承担责任。只要有了同理心，我们在工作和生活中就能避免许多抱怨、责难、嘲笑和讥讽，大家就可以在一个充满鼓励、谅解、支持和尊重的环境中愉快地工作和生活。

对于软件企业中的管理者来说，体现同理心的最重要一点就是要体谅和重视职员的想法，要让职员们觉得你是一个非常在乎他们的领导。拿我自己来说，我在工作中不会盲目地褒奖下属，不会动不动就给职员一些"非常好""不错""棒极了"等泛泛的评价，但是我会在职员确实做出了成绩的时候及时并具体地指出他对公司的贡献，并将他的业绩公之于众。例如，我会给部门内的全体职员发电子邮件说某个员工在上一周的工作中取得了出色的成绩，并详细说明他的工作成果，列举他的工作对于公司的重要价值，给出具体的表彰意见。这种激励员工的方式能够真正赢得员工的信任和支持，能够对企业的凝聚力产生巨大的影响。

同理心也是一种了解和认识他人的有效方法。我被调到新部门担任领导职位的时候，部门中有六百多名员工，我都不认识。于是，我每周选出了十名员工，与他们共进午餐。在午餐时，我详细了解了每一个人的姓名、履历、工作情况以及他们对部门工作的建议。这些信息对于一个部门领导来说非常重要。在午餐会后，我立即根据这十名员工对部门的建议，安排部署相关的工作，并给这十名员工一一发回反馈意见，告诉他们我的处理方法。我的计划是在一个不长的时间里，认识并了解部门中的每一位员工，并在充分听取员工意见的基础上合理地安排工作。

自律

自律（Self-Regulation）指的是自我控制和自我调整的能力。这包括：自我控制不安定的情绪或冲动，在压力面前保持清晰的头脑；以诚实赢得信任，并且随时都清晰地理解自己的行为将影响他人。

自律对于领导者来说更为重要。作为企业的领导，要管理别人，要让下属信服，就要先从自我做起。这是因为，领导的做法通常是大家做事的目标和榜样，领导的每一次举手投足都会给下属留下深刻的印象，如果处理不好的话，可能会造成负面的影响。特别是当公司或团队处于危急时刻，需要领导带领大家克服困难、冲出重围的时候，如果领导表现得比职员还要急躁，翻来覆去拿不定主意，大家就会对领导丧失信心，公司或团队也会因此而走向失败。

有一次，我见过公司里的两个组即将被合并。第一个组的经理缺少自律，开会时对他的队伍说合并不是他的决定，他自己也不知下一步该怎么办。这个经理对未来没有信心，并猜测自己的队伍可能会被裁员。而第二个组的经理则告诉他的队伍这次合并对公司的好处。他也坦诚地说自己并不掌握所有的信息，但是他承诺会提醒上级尽快地做决定。并且，第二个经理还告诉大家他会尽其所能，帮助每一个员工安排最合理、最公平的出路。最后的结果是：第一个组的人很快就散了，他们的经理离开了公司；而第二个组的经理接管了合并后的机构。

自律必须建立在诚信的基础上。为了表现所谓的"自律"而在他人面前粉饰、遮掩自己的缺点，刻意表演的做法是非常不可取的。只有在赢得他人信任的基础上，严于律己、宽以待人，才能真正获得他人的尊重和赞许。

人际关系

人际关系包括在社会交往中的影响力、倾听与沟通的能力，处理冲突的能力，建立关系、合作与协调的能力，说服与影响的能力等等。

有些人在人际交往中的影响力是与生俱来的，他们在参加酒会或庆典的时候，只要很短的时间就能和所有人交上朋友。但也有些人并不具备这样的天赋，他们在社交活动中常常比较内向，宁愿一个人躲在角落里也不愿主动与人交谈。

我个人就缺乏人际交往的倾向。以前，我并不认为这有什么不妥，直到我遇到了一位非常具有个人影响力的经理为止。那个经理没有超人的智慧，但是他自称他认识了公司中几乎每一个有能力的人，并和其中的许多人成为非常要好的朋友。我不知道他是怎么做到这一点的，但我很快就发现，他的这种能力对公司非常有用。比如，我需要在公司内部选拔一些职员到我的部门工作时，我就可以从他那里获得许多有关该职员的详细信息；与公司其他部门协调工作时，他的人际关系网也可以发挥非常大的作用。从那时起，我发现处理人际关系的能力对于一个人，特别是一个领导者来说非常重要，我开始特别注重培养自己在人际关系方面的影响力。

在技术研究和开发方面，沟通和说服的能力也至关重要。比如，我们开发出了一项先进的技术，要把它变成公司的产品。这首先要说服公司的决策层。我们必须细心准备我们的产品建议书，并通过精彩的演讲和现场展示让领导者相信，我们研究出的技术对公司来说大有裨益，让决策层认为即将开发的产品可以在市场上取得成功。这些工作都需要我们具备处理人际关系、展示自己、影响他人的能力。

从优秀到卓越

在著名企业管理学家吉姆·柯林斯的《从优秀到卓越》一书中，作者通过大量的案例调查和统计，讨论并分析了一家企业或一位企业的领导者是如何从优秀（Good）上升到卓越（Great）的层次的。柯林斯和他的研究小组耗费了 10.5 个人年[①]，阅读并系统整理了六千多

---

① 　人年：科研活动中的计时单位，计算方法为人数乘以工作时间。

篇文章,记录了两千多页的专访内容,对 1435 家企业进行了问卷调查,收集了 28 家公司过去五十年甚至更早的信息,进行了大范围的定性和定量分析,得出了如何使公司和公司的管理者从优秀跨越到卓越的、令人惊异而振奋的答案。

根据吉姆·柯林斯得出的结论,优秀的公司和优秀的领导者很多,许多公司都可以在各自的行业里取得不俗的业绩。但如果以卓越的标准来衡量公司和个人的成绩,那么,能够保持持续健康增长的企业和能够不断取得事业成功的领导者都非常少。一位企业的领导者在成功的基础上,要想进一步提高自己,使自己的企业保持持续增长,使自己的个人能力从优秀向卓越迈进,就必须努力培养自己在"谦虚""执著"和"勇气"这三个方面的品质。

谦虚使人进步。许多领导者在工作中唯我独尊,不能听取他人的规谏,不能容忍他人和自己意见相左,这些不懂得谦虚谨慎的领导者也许可以取得暂时的成功,但却无法在事业上不断进步,达到卓越的境界。这是因为,一个人的力量终究有限,在瞬息万变的商业环境中,领导者必须不断学习,善于综合他人的意见,否则就将陷入一意孤行的泥潭,被市场所淘汰。比尔·盖茨就是一个非常谦虚的人。例如,他在每一次演讲结束后,请撰写演讲稿的人分析一下他的演讲有哪些不足之处,以便下一次改进。

执著是指我们坚持正确方向,矢志不移的决心和意志。无论是公司也好,还是个人也好,一旦认明了工作的方向,就必须在该方向的指引下锲而不舍地努力工作。在工作中轻言放弃或者朝三暮四的做法都不能取得真正的成功。微软公司在 Windows 95 操作系统取得了巨大的成功之后，比尔·盖茨仍然坚持发展企业级的 Windows NT 和 Windows 2000 操作系统。这是因为，他看到了企业级市场的广阔前景和微软在此方面的巨大潜力。经过几年的发展，微软公司的企业级操作系统终于在原本被 Unix 统治的市场上取得了成功，现在，包括个人操作系统在内的所有 Windows 产品都已经被构建在了更加安全可靠的 Windows NT 架构之上。

成功者需要有足够的勇气来面对挑战。任何事业上的成就都不是轻易就可以取得的。一个人想要在工作中出类拔萃，就必须面对各种各样的艰难险阻，必须正视事业上的挫折和失败。只有那些有勇气正视现实，有勇气迎接挑战的人才能真正实现超越自我的目标，达到卓越的境界。正如马克·吐温所说："勇气不是缺少恐惧心理，而是对恐惧心理的抵御和控制能力。"

结　论

很多人认为，在 IT 和其他高科技领域内，西方人表现得更为出色，因此中国人只有吸取西方的企业文化才能获得一席之地。的确，IT 产业内的一些新观点、新理念，与中国古老的东方文化之间确实有差异（例如，西方文化直截了当的沟通和主动参与的意识）。

　　不过，从本文中我们不难发现，成功所需要的一些最重要、最基本的素质大多还是中华的传统美德。在故宫里，我看到"正大光明"的匾额，其含义也就是"诚信和正直"；"学无止境""人贵有自知之明""将心比心""严于律己、宽以待人"都是中国历来推崇的道德观；人际关系更是西方人公认在中国成功的秘诀；而最重要的"谦虚""执著""勇气"这三点则是中国传统文化的直接体现。因此，我认为中国人的 EQ 决不低于西方人，我对中国卓越的人才无比乐观。

　　在今天这个充满机遇和挑战的时代里，在软件产业这个高速发展、不断创新的领域内，只有那些不懈努力、善于把握自己、勇于迎接挑战的人才能取得真正的成功。我个人衷心地希望中国高新技术产业能够在新世纪中蓬勃发展，中国的人才能够在事业上不断取得成功，实现从优秀到卓越的跨越。

给青年学生的第三封信

——成功、自信、快乐

引 言

有关这《第三封信》的故事，还要从 2004 年春天说起。当时我正在北京做演讲，清华大学一位名叫顾常超的学生找到我，说："开复博士，您给青年学生的前两封信我都认真读过，它们对中国学生的教育意义非常大，真心地感谢您！但是我觉得，这两封信还无法涵盖大多数中国学生面临的问题——其实，大部分学生最需要的并不是从优秀到卓越的跨越，而是如何走出迷茫，重树信心的指南！"我对顾常超的观点深表赞同，并请他提供一些更具体的建议。顾常超给我举了马加爵的例子，并专门将他自己搜集到的大量有关马加爵事件的相关报道送给了我。

几乎就在同一时间，《中国青年》杂志一位女记者对我做了一次采访。采访结束后，我们再一次探讨了马加爵事件对中国青年一代的影响。我当时对她说，这样的校园凶杀事件在美国也会发生。她立即反驳道："中、美两国的背景不同。美国所谓的'校园杀手'通常都有暴力倾向，但马加爵不同，他更像一个逐渐在自己不熟悉或无法适应的环境中迷失了方向，并因为无助而迷茫，因为迷茫而走向极端的人。存在这种迷茫状态的人还有很多，他们最需要开复老师的帮助。"

听到两位青年朋友极度关注马加爵的事例，我开始阅读顾常超提供给我的文章。读后，我的心久久不能平静。在连续好几天的时间里，我一直在思考："到底是什么力量将马加爵推上了绝路？在他如此极端的选择背后，究竟隐藏着哪些心理方面的问题？这些问题对今天的大学生们有何种借鉴意义？"

我逐渐理清了思路，也逐渐意识到，在中国的校园里，心理上处于迷茫、无助状态的学生还有很多很多，我应该尽我自己的力量为他们指明正确的方向。我决定以此为中心写出《给青年学生的第三封信》，告诉学生们该如何摆脱自怨自艾的状态，走向自信、快乐和成功。

为了更好地帮助学生，在写作过程中，我专门请有数十年社会工作和心理辅导经验的姐姐李开敏帮助我修改文稿。因为这封信所要谈到的话题意义深远，影响重大，我自己在写作中投入了大量精力，每一个话题、每一个论点，乃至每一个词句我都反复推敲，细细考究，生怕我个人的疏忽影响了学生们对文意的理解。可以说，这是一篇我倾尽全部心血写成的文章。

此前，我和中国学生的多次交流都是围绕如何达到优秀和卓越、如何成为领导人才而展开的。最近，在新浪网的聊天室和我收到的许多电子邮件中，我发现更多的中国学生需要知道的不是如何从优秀到卓越，而是如何从迷茫到积极、从失败到成功、从自卑到自信、从惆怅到快乐、从恐惧到乐观。

一个极端的例子是 2004 年 2 月发生在云南大学的马加爵事件。马加爵残忍地杀害了自己的四名同学。但从马家爵被捕后与心理学家的对话内容看来，他应该不是一个邪恶的人，而是一个迷失方向、缺乏自信、性格封闭的孩子。他和很多大学生一样，迫切希望知道如何才能获得成功、自信和快乐。

我这一封信是写给那些渴望成功但又觉得成功遥不可及，渴望自信却又总是自怨自艾，渴望快乐但又不知快乐为何物的学生看的。希望这封信能够带给读者一个关于成功的崭新定义，鼓励读者认识和肯定自己，做一个快乐的人。也希望这封信能够帮助读者理解成功、自信、快乐是一个良性循环：从成功里可以得到自信和快乐，从自信里可以得到快乐和成功，从快乐里可以得到成功和自信。

成功就是成为最好的你自己

美国作家威廉·福克纳说过："不要竭尽全力去和你的同僚竞争。你更应该在乎的是：你要比现在的你更强。"

中国社会有一个问题，就是希望每个人都照一个模式发展，衡量每个人是否"成功"采用的也是一元化的标准：在学校看成绩，进入社会看名利。尤其是在今天的中国，许多人对财富的追求首当其冲，各行各业，对一个人的成功的评价，更多以个人财富为指标。但是，有了最好的成绩就能对社会有所贡献吗？有名利就一定能快乐吗？

真正的成功应是多元化的。成功可能是你创造了新的财富或技术，可能是你为他人带来了快乐，可能是你在工作岗位上得到了别人的信任，也可能是你找到了回归自我、与世无争的生活方式。每个人的成功都是独一无二的。所以，是要"成为最好的你自己"。也就是说，成功不是要和别人相比，而是要了解自己，发掘自己的目标和兴趣，努力不懈地追求进步，让自己的每一天都比昨天更好。

成功的第一步：把握人生目标，做一个主动的人

当网友问我的人生目标是什么时，我认为：人生只有一次，要活得有意义，能够帮助自己、帮助家庭、帮助国家、帮助世界、帮助后人，能够让他们的日子过得更好，为他们带来幸福和快乐。

对我来说，人生目标不是一个口号，而是我最好的智囊，它曾多次帮我解决工作和生活中的难题。我当初放弃在美国的工作，只身来到中国创立微软中国研究院，就是因为我觉得后一项工作和我的人生目标更加吻合。

马加爵也悟出了他的人生目标，只可惜他是在案发被捕后才悟出的。他说："姐，现在我对你讲一次真心话，我这个人最大的问题就是出在我觉得人生的意义到底是为了什么？……在这次事情以后，此时此刻我明白了，我错了。其实人生的意义在于人间有真情。"如果马加爵能早几个月悟出人生目标，他在做傻事前就会问问自己，充满真情的父母、姐姐会怎么看待这件事？这样，他可能就不会走上歧途了。

所以，无论是为了真情，还是为了快乐、家人、道德、宁静、求知、创新……一旦确定了人生目标，你就可以像我一样在人生目标的指引下，果断地做出人生中的重大决定。每个人的人生目标都是独特的。最重要的是，你要主动把握自己的人生目标。但你千万不能操之过急，更不要为了追求所谓的"崇高"，或为了模仿他人而随便确定自己的目标。

那么，该怎么去发现自己的目标呢？许多同学问我他们的目标该是什么？我无法回答，因为只有一个人能告诉你人生的目标是什么，那个人就是你自己。只有一个地方你能找到你的目标，那就是你心里。

我建议你闭上眼睛，把第一个浮现在你脑海里的理想记录下来，因为不经过思考的答案是最真诚的。或者，你也可以回顾过去，在你最快乐、最有成就感的时光里，是否存在某些共同点？它们很可能就是最能激励你的人生目标了。再者，你也可以想象一下，假设十五年后，当你达到理想的人生状态时，你将会处在何种环境下？从事什么工作？其中最快乐的事情是什么？当然，你也不妨多和亲友谈谈，听听他们的意见。

成功的第二步：尝试新的领域、发掘你的兴趣

为了成为最好的你自己，最重要的是要发挥自己所有的潜力，追逐最感兴趣和最有激情的事情。当你对某个领域感兴趣时，你会在走路、上课或洗澡时都对它念念不忘，你在该领域内就更容易取得成功。更进一步，如果你对该领域有激情，你就可能为它废寝忘食，连睡觉时想起一个主意，都会跳起来。这时候，你已经不是为了成功而工作，而是为了"享受"而工作了。毫无疑问的，你将会从此得到成功。

相对来说，做自己没有兴趣的事情只会事倍功半，有可能一事无成。即便你靠着资质或才华可以把它做好，你也绝对没有释放出所有的潜力。因此，我不赞同每个学生都追逐最热门的专业，我认为，每个人都应了解自己的兴趣、激情和能力（也就是情商中所说的"自觉"），并在自己热爱的领域里充分发挥自己的潜力。

比尔·盖茨曾说："每天清晨当你醒来的时候，都会为技术进步给人类生活带来的发展和改进而激动不已。"从这句话中，我们可看出他对软件技术的兴趣和激情。1977 年，因为对软件的热爱，比尔·盖茨放弃了数学专业。如果他留在哈佛继续读数学，并成为数学教授，你能想象他的潜力将被压抑到什么程度吗？2002 年，比尔·盖茨在领导微软二十五年后，却又毅然把首席执行官的工作交给了鲍尔默，因为只有这样他才能投身于他最喜爱的工作——担任首席软件架构师，专注于软件技术的创新。虽然比尔·盖茨曾是一个出色的首席执行官，但当他改任首席软件架构师后，他对公司的技术方向做出了重大贡献，更重要的是，他更有激情、更快乐了，这也鼓舞了所有员工的士气。

比尔·盖茨的好朋友、美国最优秀的投资家沃伦·巴菲特也同样认可激情的重要性。当学生请他指示方向时，他总这么回答："我和你没有什么差别。如果你一定要找一个差别，那可能就是我每天有机会做我最爱的工作。如果你要我给你忠告，这是我能给你的最好忠告了。"

比尔·盖茨和沃伦·巴菲特给我们的另一个启示是，他们热爱的并不是庸俗的、一元化的名利，他们的名利是他们的理想和激情带来的。美国一所著名的经管学院曾做过一个调查，结果发现，虽然大多数学生在入学时都想追逐名利，但在拥有最多名利的校友中，有90% 是入学时追逐理想而非追逐名利的人。

我刚进入大学时，想从事法律或政治工作。一年多后我才发现自己对它没有兴趣，学习成绩也只在中游。但我爱上了计算机，每天疯狂地编程，很快就引起了老师、同学的重视。终于，大二的一天，我做了一个重大的决定：放弃此前一年多在全美前三名的哥伦比亚大学法律系已经修成的学分，转入哥伦比亚大学默默无名的计算机系。我告诉自己，人生只有一次，不应浪费在没有快乐、没有成就感的领域。当时也有朋友对我说，改变专业会付出很多代价，但我对他们说，做一个没有激情的工作将付出更大的代价。那一天，我心花怒放、精神振奋，我对自己承诺，大学后三年每一门功课都要拿 A。若不是那天的决定，今天我就不会拥有在计算机领域所取得的成就，而我很可能只是在美国某个小镇上做一个既不成功又不快乐的律师。

即便如此，我对职业的激情还远不能和我父亲相比。我从小一直以为父亲是个不苟言笑的人，直到去年见到父亲最喜爱的两个学生（他们现在都是教授），我才知道父亲是多么热爱他的工作。他的学生告诉我："李老师见到我们总是眉开眼笑，他为了让我们更喜欢我们的学科，常在我们最喜欢的餐馆讨论。他在我们身上花的时间和金钱，远远超过了他微薄的收入。"我父亲是在七十岁高龄，经过从军、从政、写作等职业后才找到了他的最爱——教学。他过世后，学生在他抽屉里找到他勉励自己的两句话："老牛明知夕阳短，不用扬鞭自奋蹄。"最令人欣慰的是，他在人生的最后一段路上，找到了自己的最爱。

那么，如何寻找兴趣和激情呢？首先，你要把兴趣和才华分开。做自己有才华的事容易出成果，但不要因为自己做得好就认为那是你的兴趣所在。为了找到真正的兴趣和激情，你可以问自己：对于某件事，你是否十分渴望重复它，是否能愉快地、成功地完成它？你过去是不是一直向往它？是否总能很快地学习它？它是否总能让你满足？你是否由衷地从心里（而不只是从脑海里）喜爱它？你的人生中最快乐的事情是不是和它有关？当你这样问自己时，注意不要把你父母的期望、社会的价值观和朋友的影响融入你的答案。

如果你能明确回答上述问题，那你就是幸运的，因为大多数学生在大学四年里都在摸索或纠结。如果你仍未找到这些问题的答案，那我只有一个建议：给自己最多的机会去接触最多的选择。记得我刚进卡内基·梅隆大学的博士班时，学校有一个机制，允许学生挑老师。在第一个月里，每个老师都使尽全身解数吸引学生。正因为有了这个机制，我才幸运地碰到了我的恩师瑞迪教授，选择了我的博士题目"语音识别"。虽然并不是所有学校都有这样的机制，但你完全可以自己去了解不同的学校、专业、课题和老师，然后从中挑选你的兴趣。你也可以通过图书馆、网络、讲座、社团活动、朋友交流、电子邮件等方式寻找兴趣爱好。唯有接触你才能尝试，唯有尝试你才能找到你的最爱。

我的同事张亚勤曾经说："那些敢于去尝试的人一定是聪明人。他们不会输，因为他们即使不成功，也能从中学到教训。所以，只有那些不敢尝试的人，才是绝对的失败者。"希望各位同学尽力开阔自己的视野，不但能从中得到教益，而且也能找到自己的兴趣所在。

成功的第三步：针对兴趣，定阶段性目标，一步步迈进

找到了你的兴趣，下一步该做的就是制定具体的阶段性目标，一步步向自己的理想迈进。

首先，你应客观地评估距离自己的兴趣和理想还差些什么？是需要学习一门课、读一本书、做一个更合群的人、控制自己的脾气还是成为更好的演讲者？十五年后成为最好的自己和今天的自己会有什么差别？还是其他方面？你应尽力弥补这些差距。例如，当我了解到我人生的目的是要让我的影响力最大化时，我发现我最欠缺的是演讲和沟通能力。我以前是一个和人交谈都会脸红，上台演讲就会恐惧的学生。我做助教时表现特别差，学生甚至给我取了个"开复剧场"的绰号。因此，为了实现我的理想，我给自己设定了多个提高演讲和沟通技巧的具体目标。

其次，你应定阶段性的、具体的目标，再充分发挥中国人的传统美德——勤奋、向上和毅力，努力完成目标。比如，我要求自己每个月做两次演讲，而且每次都要我的同学或朋友去旁听，给我反馈意见。我对自己承诺，不排练三次，决不上台演讲。我要求自己每个月去听演讲，并向优秀的演讲者求教。有一个演讲者教了我克服恐惧的几种方法，他说，如果你看着观众的眼睛会紧张，那你可以看观众的头顶，而观众会依然认为你在看他们的脸，此外，手中最好不要拿纸而要握起拳来，那样，颤抖的手就不会引起观众的注意。当我反复练习演讲技巧后，我自己又发现了许多秘诀，比如不用讲稿，通过讲故事的方式来表达时，我会表现得更好，于是，我仍准备讲稿但只在排练时使用；我发现我回答问题的能力超过了我演讲的能力，于是，我一般要求多留时间回答问题；我发现自己不感兴趣的东西就无法讲好，于是，我就不再答应讲那些我没有兴趣的题目。几年后，我周围的人都夸我演讲得好，甚至有人认为我是个天生的好演说家，其实，我只是实践了中国人勤奋、向上和毅力等传统美德而已。

任何目标都必须是实际的、可衡量的目标，不能只是停留在思想上的口号或空话。制定目标的目的是为了进步，不去衡量你就无法知道自己是否取得了进步。所以，你必须把抽象的、无法实施的、不可衡量的大目标简化成为实际的、可衡量的小目标。举例来说，几年前，我有一个目标是扩大我在公司里的人际关系网，但"多认识人"或"增加影响力"的目标是无法衡量和实施的，我需要找一个实际的、可衡量的目标。于是，我要求自己"每周和一位有影响力的人吃饭，在吃饭的过程，要这个人再介绍一个有影响的人给我"。衡量这个目标的标准是"每周与一人一餐，餐后再认识一人"。当然，我不会满足于这些基本的"指标"。扩大人际关系网的目的是使工作更成功，所以，我还会衡量"每周一餐"中得到了多少信息，有多少我的部门雇用的人是在这样的人际网中认识的。一年后，我的确从这些衡量标准中，看到了自己的关系网有了显著的扩大。

制定具体目标时必须了解自己的能力。目标设定过高固然不切实际，但目标也不可定得太低。对目标还要做及时的调整：如果超出自己的期望，可以把期望提高；如果未达到自己的期望，可以把期望调低。达成了一个目标后，可以再制定更有挑战性的目标；失败时要坦然接受，认真总结教训。

最后，再一次提醒同学们，目标都是属于你的，只有你知道自己需要什么。制定最合适的目标，主动提升自己，并在提升过程中客观地衡量进度，这样才能获得成功，才能成为更好的你自己。

自信是自觉而非自傲

自信的人敢于尝试新的领域，能更快地发展自己的兴趣和才华，更容易获得成功。自信的人也更快乐，因为他不会时刻担心和提防失败。

很多人认为自信就是成功。一个学生老得第一名，他有了自信。一个员工总是被提升，他也有了自信。但这只是一元化的成功和一元化的自信。

其实，自信不一定都是好事。没有自觉的自信会成为自傲，反而会失去了别人的尊重和信赖。好的自信是自觉的，即很清楚自己能做什么，不能做什么。自觉的人自信时，他成功的概率非常大；自觉的人不自信时，他仍可努力尝试，但会将风险坦诚地告诉别人。自觉的人不需要靠成功来增强自信，也不会因失败而丧失自信。

自信的第一步：不要小看自己，多给自己打气

"自"信的关键在于自己。如果你自己总认为自己不行，你是无法得到自信的。例如，马加爵曾说："我觉得我太失败了，同学都看不起我……很多人比我老练，让我很自卑。"虽然马加爵很聪明也很优秀，但他从没有真正自信过。

自信的秘密是相信自己有能力。中国古谚："天生我才必有用"，"一枝草，一点露"，每个人都有自己的特性和长处，值得看重和发挥。我记得我十一岁刚到美国时，课堂上一句英语都听不懂，有一次老师问"1/7 换算成小数等于几？"我虽然不懂英文，但认得黑板上的"1/7"，这是我以前"背"过的。我立刻举手并正确回答了这个问题。不会"背书"的美国老师诧异地认为我是个"数学天才"，并送我去参加数学竞赛，鼓励我加入数学夏令营，帮助同学学习数学。她的鼓励和同学的认可给了我自信。我开始告诉自己，我有数学的天分。这时，我特别想把英文学好，因为只有这样才能学习更多的数学知识。这种教育方式不但提高了我的自信，也帮助我在各方面取得了长足的进步。

中国式教育认为人的成长是不断克服缺点的过程，所以老师更多是在批评学生，让学生弥补最差的学科。虽然应把每科都学得"足够好"，但人才的价值在于充分发挥个人最大的优点。美国盖洛普公司出了一本畅销书《现在，发掘你的优势》。盖洛普的研究人员发现：大部分人在成长过程中都试着"改变自己的缺点，希望把缺点变为优点", 但他们却碰到了更多的困难和痛苦；而少数最快乐、最成功的人的秘诀是"加强自己的优点，并管理自己的缺点"。"管理自己的缺点"就是在不足的地方做得足够好，"加强自己的优点"就是把大部分精力花在自己有兴趣的事情上，从而获得无比的自信。

还有很多得到自信的例子：微软亚洲工程院院长张宏江说他从小就"相信我是最聪明的。即使在后来的日子里我常常不如别人，但我还是对自己说：我能比别人做得好"；微软亚洲研究院的主任研究员周明小时候在"学生劳动"中刷了108个瓶子，打破了纪录，从而获得自信。他说："我原来一直是没有自信心的，但是这件事给了我自信。这是我一生中最快乐的经验，散发着一种迷人的力量，一直持续到今天。我发现了天才的全部秘密，其实只有六个字：不要小看自己。"

自信是一种感觉，你没有办法用背书的方法"学习"自信，而唯一靠"学习"提升自信的方法是以实例"训练"你的大脑。要得到自信，你必须成为自己最好的啦啦队，每晚入睡前不妨想想，今天发生了什么值得你自豪的事情？你得到了好的成绩吗？你帮助别人了吗？有什么超出了你的期望？有谁夸奖了你吗？我相信每个人每天都可以找到一件成功的事情，你会慢慢发现，这些"小成功"可能会越来越有意义。

有个著名教练在每次球赛前，总会要求队员回忆自己最得意的一次比赛。他甚至让队员把最得意的比赛和一个动作（如紧握拳头）

联系起来，以便使自己每次做这个动作时，就会下意识地想到得意的事，然后在每次比赛前反复做这个动作以"训练"大脑，提升自信。

希望同学们都能成为自己最好的啦啦队，同时多结交为你打气的朋友，多回味过去的成功，千万不要小看自己。

自信的第二步：用毅力、勇气，从成功里获得自信，从失败里增加自觉

当你感觉到自信时，无论多么小的成功，你都会特别期望再一次得到自己或别人的肯定，这时，你需要有足够的毅力。只要你有毅力，就会像周明所说的那样："什么事情只要我肯干，就一定可以干好。你能学会你想学会的东西，这不是你能不能学会的问题，而是你想不想学的问题。如果你对自己手里的东西有强烈的欲望，你就会有一种坚韧不拔的精神，尤其当你是普通人的时候。"

有时，你可能没做过某一件事，不知道能不能做成。这时，除了毅力外，你还需要勇气。我以前在工作中，一般的沟通没有问题，但到了总裁面前，总是不敢讲话，怕说错话。直到有一天，公司要做改组，总裁召集十多个人开会，他要求每个人轮流发言。我当时想，既然一定要讲，那不如把心里话讲出来。于是，我鼓足勇气说："我们这个公司，员工的智商比谁都高，但是我们的效率比谁都差，因为我们整天改组，不顾及员工的感受和想法……"我说完后，整个会议室鸦雀无声。会后，很多同事给我发电子邮件说："你说得真好，真

希望我也有你的胆子这么说。"结果，总裁不但接受了我的建议，改变了公司在改组方面的政策，而且还经常引用我的话。从此，我充满了自信，不惧怕在任何人面前发言。这个例子充分印证了"你没有试过，你怎么知道你不能"这句话。

有勇气尝试新事物的同时，也必须有勇气面对失败。大家不能只凭匹夫之勇去做注定要失败的事。但当你畏惧失败时，不妨想一想，你怕失去什么？最坏的下场是什么？你不能接受吗？在上面的例子中，如果总裁否定了我的看法，他会不尊重我吗？不但不会，别人很可能还会认为我勇气可嘉。而且，自觉的人会从失败中学习，认识到自己不适合做什么事情，再提升自己的自觉。因此，不要畏惧失败，只要你尽了力，愿意向自己的极限挑战，你就应为自己的勇气而自豪。

一个自信和自觉的人，如果能勇敢地尝试新的事物，并有毅力把它做好，他就会从成功里获得自信，从失败里增加自觉。

自信的第三步：自觉地定具体的目标，虚心地听他人的评估

培养自信也要设定具体的目标，一步步地迈进。这些目标也必须是可衡量的。我曾把我在总裁面前发言的例子讲给我女儿听，因为她的老师认为她很害羞，在学校不举手发言，我希望鼓励她勇于发言。她同意试一试，但她认为只有在适当的时候，有最好的意见时才愿意发言。但是，我认为有了"最好的意见"这个主观的评估，目标就很难衡量。于是，我和她制定了一个可衡量的、实际的目标：她每天举一次手，如果坚持一个月就有奖励。然后，我们慢慢增加举手的次数。一年后，老师注意到，她对课堂发言有了足够的自信。

自信绝非自我偏执、不容许自己犯错，或过度自我中心，失去客观的立场。我有个绝顶聪明的同事，他一生认准了"我永远不会错"这句"真理"。他表现得无比自信，一旦证明他某句话是对的，他就会提醒所有人几个月前他早就说过了。但因为他几乎是为了自信而活着，一旦证明他某句话是错的，他就会顾左右而言他，或根本否认此事。虽然他的正确率高达95%，但5%的错误让他失去了自己的信誉和他人的尊敬。这个例子告诉我们，自傲的自信或不自觉的自信甚至比不自信更加危险。

情商中的自觉有两个层面：对自己和环境皆能俱到，掌握主客观的情势。有自觉的人不会过度地自我批评，也不会天真地乐观，他们能客观地评估自己。所以，他们会坦诚地面对自己的能力极限，不会轻易地接受自己能力范围外的工作。当然，他们仍乐于接受挑战，但会在接受挑战时做客观的风险评估。这样的人不但对自己坦诚，对他人也坦诚。坦诚地面对失败会得到别人的信赖，因为他们知道你接受了教训。坦诚地面对自己的缺点也会得到别人的尊敬，因为他们知道你不会自不量力。所以，自觉的人容易成功，也容易自信。

自觉的人不但公平地评价自己，还主动要求周围的人给自己批评和反馈。他们明白，虽然自己很自觉，但别人眼中的自己是更为重要的。一方面，别人眼中的自己更为客观；另一方面，别人眼中的自己才是真正存在的自己（Perception is reality），也就是说，如果别人都认为你错了，只有你自认为没有错，那么在社会、学校或公司眼中，你就是错了。所以，你必须虚心地理解和接受别人的想法，而且以别人的想法作为最终的目标。比如，我女儿可以每天评估自己的发言，但最终，只有当老师和同学们认为她是个开朗的、有想法的学生时，她才达到了最终的目标。

获得坦诚的反馈特别是负面的回馈并不容易。所以，你最好能有一些勇敢坦诚的知心好友，他们愿意在私下对你说真心话。当然，你不能对负面的反馈有任何不满，否则你以后就听不到真心话了。除了私下的反馈外，在美国的公司里，还有一种"360度"意见调查，可以对员工的上司、下属同时做多方面的调查。因为这种调查是匿名的，它往往能获得真实的意见，如果很多人都说你在某方面仍须改进，这样的说法就比自己的或老板的看法更有说服力。虽然在学校里没有这种正式的调查，但是你仍然可以尽力地去理解他人对你的想法。我的父亲常教诲我们凡事谋之于众，就是指开放心胸，切勿以井观天，局限了自己的视野。

马加爵说："同学都看不起我。"其实，如果他有勇气向他信任的同学求证，他也许会发现自己错怪了同学，也许会发现交错了朋友，也许会证实同学确实看不起他并了解其中的原因，然后自我改进。坦诚的交流和真心的朋友或许都可以帮助马加爵避免悲剧的发生。

有自觉的人会为自己制定现实的目标，客观地衡量自己，并会请他人帮助评估。这样的人能持续提升自己的自信，并能避免自信发展为自傲。

快乐比成功更重要

科学研究证明：心情好的人最能发挥潜力；快乐能提高效率、创造力和正确决策的概率；快乐的人有开明的思想，愿意帮助别人。但与其说快乐带来成功，还不如说成功的目的是带来快乐。我曾建议同学们追逐自己的理想和兴趣，其实做自己理想的、有兴趣的事情就是一种快乐。所以，快乐比成功更应成为我们的最终目标。

快乐的第一步：接受你的父母、环境、自己

不快乐的人总对一些无奈的事生闷气，不喜欢自己、父母和老师，不愿意读枯燥的书、不愿意应付考试。对于这些无奈的事，我希望同学们能学会坦然地接受它们。

在所有"不能改变的事情"中，最不能改变的是父母，最应接受的也是父母。有不少学生说："父母不理解我，不接受我，不体会我的想法，总要求我用他们的价值观和理念来做事、读书、求学。所以我总是避开他们，越来越孤独。"对这些同学，我的回答包括以下两个方面：

第一，你应该接受你的父母，千万不要因为感觉父母不理解你

而自我封闭。父母的成长环境不同，思维方式不同，他们对成功的定义可能也不同，对你的期望与你对自己的期望就有较大的差异。但他们人生的路走得比你长，经验比你丰富，你不能先入为主地排斥他们。另外，你必须理解，父母是世界上最爱你的人，他们也是唯一可以无条件为你付出的人，你应该无条件地接受你的父母。做子女的经常把父母亲过度理想化，而疏忽了绝大多数的父母，在他们生长的环境中，比我们更为匮乏、不足，他们可能没有机会学习如何当一个称职的父母，但以他们的条件，也尽力了。如果我们鄙视、排斥父母，无异是对自己生命的来源不敬，那如何能快乐？

第二，你可以试着去改变父母的想法，但你首先应反问，你理解和接受你的父母吗？你能体会父母的想法吗？当你抱怨父母总是期望你完美时，难道你不也是在期望父母完美吗？所以，在要求他们理解你之前，你应先去理解他们，这样才能更成功地和他们沟通。相互了解后，也许你们仍有不同意见但能彼此谅解，也许你或他们会改变原来的看法而达成共识。为此，你首先应和父母建立一个坦诚的沟通关系。也许起初你们会觉得别扭，但我相信你们很快就会体会到亲情与温馨。

除了接受父母，你还应接受环境中不能改变的事情。有些同学期望着不必考他们认为没用的题目，不必上他们认为没用的课，不必听他们不信任的老师讲课。但在社会中生存，我们必须学会接受那些不能改变的事。有人建议："如果我遇到'应该做的事情'和'喜欢做的事情'之间的冲突，我会给自己安排一个时间表，每天在规定的时间里完成'应该做的事情'——时间表能激励你集中精力并提高效率。然后去做'喜欢做的事情'。"人生是有限的，大家应把有限的时间用在"喜欢做的事情"上，但必须先把"应该做的事情"做得足够好。

最无谓的"发愁"就是对自己不满意。这不但浪费了时间，而且会造成事倍功半。所以，同学们一方面要培养自己的自信，以每一个小的成功来激励自己；另一方面也必须能接受自己，理解你们是为自己而生活的。为自己而生活就是要为了自己的快乐、兴趣和人生目标而努力，不要活在别人的价值观里，为了"第一名"拼命，有一天，你会意识到那样的想法错了。打败别人，得第一名，不是最重要的。最重要的是，你能不能学会尊重你自己，能不能发现自己的价值在哪里。

当你开始为自己而生活，接受并喜欢你自己，接受并接近你的父母，接受环境中不能改变的事情，你就会发现你开始快乐了。

快乐的第二步：宣泄你的情感，控制你的脾气

心理学家认为，马加爵"在精神上一直是孤独的，因为他总不愿与人交流，不愿说出自己真实的感受……是一个情绪反应相当激烈的人，但是他外表上又是一个相当压抑的人"。马加爵给亲人的信上也写道："我这个人动情的话历来就讲不出口。"如果马加爵能直接地宣泄自己的感情，他也许可以防止悲剧发生。事后马加爵也想道："逃亡的时候觉得自己傻，可以选择吵架就算了，没有必要杀人。"

中国人总认为矜持、含蓄是美德。但我认为，在今天的时代里，直截了当的沟通更为重要。拐弯抹角、言不由衷、瞻前顾后、当面不说、背后乱讲都是坏习惯。有一位中国老板和他的下属吵架，他问我是不是该请第三者调解，我给他的建议是：因为这是情感的事情，你应该直接去和下属沟通；第三者为了做和事佬，可能会说出违背你或你的下属意愿的话（例如谎称你已经认错，但其实你没有），这反而会造成更多的麻烦。

当然，在情感问题上，直接沟通也需要技巧。例如，那位老板如果第一句话就对下属说："你错了，但是我不和你计较。"那么下属肯定会反感。如果老板说："你在那么多人面前骂我，很显然是你想抢我的工作。"结果就更不堪设想。显然，当你直接沟通时，不要论对错，不要猜测别人的动机，更不要再趁机补一句。最有效的沟通就是直接谈到你的感情，比如那位老板可以说："当你在那么多人面前骂我时，我感到失去尊严，非常为难。"这样一句话是不能反驳的，甚至可能会引发理解和同情。

当你怒火心中烧时，把愤怒的话转变成感性的话并不容易。要做到这一点，我们又需要依靠"自觉"和"自控"。自觉不只是认识自己的能力，更是认识自己的感情。自觉的人知道自己何时会喜怒哀乐，也理解喜怒哀乐的宣泄会造成何种后果。如果他感到气愤，他不会瞬间爆炸，因为他知道爆炸的后果，但他也不会压抑自己的感情，因为那会对心灵造成很大的伤害，他通常会尽量自控地用最有建设性的方式处理。

正面、感性的沟通可以降低火爆的气氛。感情和沟通都是最有感染性的，你完全可以用有建设性的、宽容的态度来与他人沟通并影响他人。

自控是一种内心的自我对话，可以提醒自己不要落入恶劣态度的陷阱。除了上述的理智分析外，深呼吸是最快、最简单的情绪调节方法，中国人说："心浮气躁""心神不宁""心乱如麻""心焦如焚"，指的都是心情紊乱和情绪及精神状态的关系，而"气定神闲""心安理得"最方便的做法就是深呼吸，也就借由调气调息，把气调顺了，比较能摆脱情绪的牵扯，回到理性思考。美国对有暴力行为的加害人，都会施以团体教育，而教导他们认清暴力的毁灭性，学习控制自己的冲动，也就是懂得"叫停"或"离开现场"，以保护自己和对方的安全，避免铸成大错。

如果认为自控不容易，那么，你可以请你的知心好友随时提醒你。我过去的一个老板常常一生气就一发不可收拾，而且他生气都有前兆：他会先用刁钻的问题考倒你，然后他开始战抖，最后他才发脾气。但他想改掉这个毛病，于是他要求我在每次看到前兆时，用一句"密语"（如"让我们言归正传吧"）来提醒他。几次"密语"提醒之后，他就有了自觉和自控的能力，再也不需要别人提醒了。

快乐的第三步：有人分享快乐加倍，有人分担痛苦减半

科学研究告诉我们，调节自己的心情最好的方法就是找到知心的人倾诉和沟通。科学的根据是，感情源于人脑的边缘（limbic）系

统，而该系统主要依靠与他人的接触调节。科学证明，在一起交谈的两个人会慢慢达到同样的心理状态（喜、怒、哀、乐）和生理状态（体温、心跳等）。因此，若想达到感情的平衡，我们必须懂得依靠别人。与人沟通是提升你的情商和快乐的唯一方法。与世隔绝的人只会越来越苦闷。西方有一句古谚："有人分享快乐加倍，有人分担痛苦减半。"马加爵所谓的真情，应该就是指能分享心情、内心的人吧！

所以，如果你情绪不好，或受了委屈时，应多向父母、朋友倾诉，不要像马加爵那样总把话闷在心里，只对日记倾诉。马加爵很苦闷，却没有倾诉苦闷的渠道。他说："我在学校一个朋友也没有，我在学校那么落魄……在各种孤独中间，人最怕精神上的孤独。"马加爵在人际交往中碰到很多障碍，这些障碍带给他苦闷，而这些苦闷又没有渠道宣泄，进而造成更大的苦闷。这个恶性循环最终导致了悲剧的发生。其实，马加爵的内心独白，证明他是一个有自觉的人，他能看清自己的困境，可惜他将自己锁在自我封闭的牢笼里，让仇恨把他带向毁灭。"非典"风波，最恐怖的威胁就是被隔离，可是平日里我们却常忽略了心理的孤立，使我们和快乐绝缘。

要得到快乐，你需要幽默、乐观的想法和沟通。在所有的沟通中，"笑"的感染力是最大的。耶鲁大学的研究发现，"笑"的感染力超过了所有其他感情，人们总会反射式地以微笑来回报你的微笑，而开怀的大笑更能迅速创造一个轻松的气氛，此外，幽默的笑也能促进相互信任，激发灵感。乐观、正面思考的力量是无穷的。近年来抑郁症已成为全世界来势汹汹的心理疾病，而其和负面思考有极大的关系，有些人习惯钻牛角尖，往悲观无助的方向想，困在死胡同中。如果能换个角度，半杯水有一半满的而非一半空的！现在的不如意，代表有无限成长进步的空间。学习检查自己，常保正念。

无论是驱逐悲伤或是获取快乐，我们都需要从倾诉和沟通中得到正面的激励。最自然的沟通对象可能是你的亲人，特别是你的父母。我相信，所有的父母都愿意听孩子的倾诉。

但是，"在家靠父母，出外靠朋友"，所以我们也需要和知心朋友沟通、倾诉。交朋友时不要只看朋友的嗜好和个性，更重要的是，你需要一些会鼓励人的、乐观的、幽默的、诚恳的、有同理心的、乐于助人的、愿意听人诉说的朋友。也许你会说："我没有这样的朋友，也不敢去乱找朋友，如果别人拒绝怎么办？"如果别人拒绝你，你没有失去任何东西，但如果别人接受你，你可能因此找到你自己。

我希望你也会在寻找好友的过程中，也让自己成为这样一个会鼓励人的、乐观的、幽默的、诚恳的、有同理心的、乐于助人的、愿意听人诉说的人，并尽力去帮助你周围的亲人和朋友。唯有更多人愿意付出，快乐才能更迅速地通过人际网扩散。

给青年学生的祝福

我一直信奉以下做事的三原则：有勇气来改变可以改变的事情；

有度量接受不可改变的事情；有智慧来分辨两者的不同。

祝福青年的学生，当你碰到挫折时，能用这三个原则，以勇气、度量、智慧来帮助你渡过难关。

祝福青年的学生，当你追求成功、自信、快乐时，不要忘了成功是多元化的，不要忘了自信是自觉而非自傲，不要忘了快乐的人总能理解、接受和喜欢自己。

祝福青年的学生，当你逐步获得成功、自信、快乐时，会发现一个良性循环：从成功里可以得到自信和快乐，从自信里可以得到快乐和成功，从快乐里可以得到成功和自信。

祝福青年的学生，当你拥有成功、自信、快乐后，不要忘了帮助他人获得成功、自信和快乐。

给青年学生的第四封信

——大学四年应该这么度过

引　言

　　2004 年 6 月"开复学生网"开通之后，越来越多的学生在网上提出了各种各样的问题。我发现，除了我在前三封信中已经讨论过的问题以外，大家问得最多的也最关心的主要是和大学四年的学习生活相关的话题。例如：怎样才能学好英语？虚度了光阴该怎么办？毕业时是选择出国还是选择就业？如何学好专业课程？如果不喜欢自己的专业该怎么办？等等。

　　此外，在那段时间里，我有机会参加了一些教育部举办的研讨会或类似的活动。通过与更多的老师和学生接触，我逐渐发现，中国学生在学习计算机科学专业时存在不少学习方法方面的问题。例如，许多学生在学习计算机课程时都只把课程内容当做书本上的知识来学习，很少想到要联系实际，用课堂知识解决实际问题。此外，还有的学生只重视与就业直接相关的知识，如具体的语言、平台等等，而不重视那些真正能锻炼和提高个人能力的基础知识，如数学、算法、数据结构等等。

基于这些考虑，我认为自己有必要给大学生们写一封讨论学习方法，介绍学习经验，引导大家顺利度过大学时代的信，这就是第四封信的由来了。

这封信写好后，我曾请我认识的一位很优秀的大学生帮忙看一下，提提意见。他看了以后对我说："开复老师，我觉得您在这封信里讲到的内容都是再明白不过的道理和方法，是任何一个合格的学生都应该懂得的。您觉得，真有必要在文章中反复强调这些大家都知道或明白的东西吗？"我想了想，然后对他说："其实不少学生可能知道这些东西，但只有部分同学才能在大学四年里自觉地实践它们，其他的学生总会因为这样或那样的原因而缺乏将这些道理、方法付诸实践的毅力和勇气。我用我的真实感受和亲身经历再一次强调这些道理和方法的重要，这不但可以加深学生们对它们的理解和认识，还可以给那些缺乏勇气和毅力的人送去最真诚的鼓励！"

今天，我回复了"开复学生网"开通以来的第一千个问题。关掉电脑后，始终有一封学生来信萦绕在我的脑海里，挥之不去：

开复老师：

就要毕业了。

回头看自己所谓的大学生活，

我想哭，不是因为离别，而是因为什么都没学到。

我不知，简历该怎么写，若是以往我会让它空白。

最大的收获也许是……对什么都没有的忍耐和适应……

这封来信道出了不少大三、大四学生的心声。大学期间，有许多学生放任自己、虚度光阴，还有许多学生始终也找不到正确的学习方向。当他们被第一次补考通知唤醒时，当他们收到第一封来自应聘企业的婉拒信时，这些学生才惊讶地发现，自己的前途是那么渺茫，一切努力似乎都为时已晚……

这第四封信是写给那些希望早些从懵懂中警醒过来的大学生，那些从未贪睡并希望把握自己的前途和命运的大学生，以及那些即将迈进大学门槛的未来大学生们的。在这封信中，我想对所有同学说：

大学是人一生中最为关键的阶段。从入学的第一天起，你就应当对大学四年有一个正确的认识和规划。为了在学习中享受到最大的快乐，为了在毕业时找到自己最喜爱的工作，每一个刚进入大学校园的人都应当掌握七项学习：学习自修之道、基础知识、实践贯通、培养兴趣、积极主动、掌控时间、为人处事。只要做好了这七点，大学生临到毕业时的最大收获就绝不会是"对什么都没有的忍耐和适应"，而应当是"对什么都可以有的自信和渴望"。只要做好了这七点，你就能成为一个有潜力、有思想、有价值、有前途的快乐的毕业生。

大学：人生的关键

　　大学是人生的关键阶段。这是因为，进入大学是你一生中第一次放下高考的重担，开始追逐自己的理想、兴趣。这是你第一次离开家庭生活，独立参与团体和社会生活。这是你第一次不再单纯地学习或背诵书本上的理论知识，而是有机会在学习理论的同时亲身实践。这是你第一次不再由父母安排生活和学习中的一切，而是有足够的自由处置生活和学习中遇到的各类问题，支配所有属于自己的时间。

　　大学是人生的关键阶段。这是因为，这是你一生中最后一次有机会系统性地接受教育。这是你最后一次能够全心地建立你的知识基础。这可能是你最后一次可以将大段时间用于学习的人生阶段，也可能是最后一次可以拥有较高的可塑性、可以不断修正自我的成长历程。这也许是你最后一次能在相对宽容的，可以置身其中学习为人处世之道的理想环境。

　　大学是人生的关键阶段。在这个阶段里，所有大学生都应当认真把握每一个"第一次"，让它们成为未来人生道路的基石；在这个阶段里，所有大学生也要珍惜每一个"最后一次"，不要让自己在不远的将来追悔莫及。在大学四年里，大家应该努力编织自己的梦想，明确自己的方向，奠定自己的基础。

　　我们可以用下图来描述大学四年在人一生中的地位和价值：

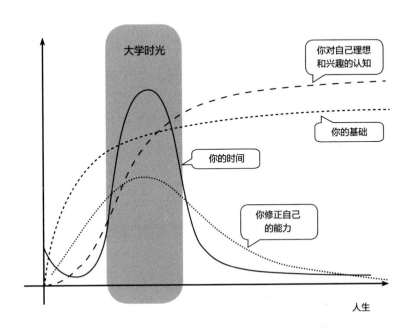

我们可以看出，大学是一生中学习能力转变最大的时候，是把"基础学习"和"进入社会"这两个阶段衔接起来的重要时期。因此，在大学四年中，要努力培养自己的学习能力，提高自己的学习境界，让自己成为一个擅长终身学习的人。

大学四年每个人都只有一次，大学四年应该这么度过……

自修之道：从举一反三到无师自通

记得我在哥伦比亚大学任助教时，曾有位中国学生的家长向我抱怨说：“你们大学里到底在教些什么？我孩子读完了大二计算机系，居然连 VisiCalc[①]。都不会用。”

我当时回答道：“电脑的发展日新月异。我们不能保证大学里所教的任何一项技术在五年以后仍然管用，我们也不能保证学生可以学会每一种技术和工具。我们能保证的是，你的孩子将学会思考，并掌握学习的方法，这样，无论五年以后出现什么样的新技术或新工具，你的孩子都能游刃有余。”

她接着问：“学最新的软件不是教育，那教育的本质究竟是什么呢？”

我回答说：“如果我们将学过的东西忘得一干二净时，最后剩下来的东西就是教育的本质了。”

我当时说的这句话来自教育家 B.F.Skinner 的名言。所谓“剩下来的东西”，其实就是自学的能力，也就是举一反三或无师自通的能力。大学不是“职业培训班”，而是一个让学生适应社会，适应不同工作岗位的平台。在大学期间，学习专业知识固然重要，但更重要的还是要学习思考的方法，培养举一反三的能力，只有这样，大学毕业生才能适应瞬息万变的未来世界。

上中学时，老师会一次又一次重复每一课里的关键内容。但进

---

① VisiCalc 是当时最热门的计算机应用软件，但它在二十年前就被淘汰了（这件事又一次证明了科技的发展是日新月异的）。而且，VisiCalc 的使用方法也不是计算机系的学生应该学的。

了大学以后，老师只会充当引路人的角色，学生必须自主地学习、探索和实践。走上工作岗位后，自学能力就显得更为重要了。微软公司曾做过一个统计：在每一名微软员工所掌握的知识内容里，只有大约10%是员工在过去的学习和工作中积累得到的，其他知识都是在加入微软后重新学习的。这一数据充分表明，一个缺乏自学能力的人是难以在微软这样的现代企业中立足的。

自学能力必须在大学期间开始培养。许多同学总是抱怨老师教得不好，懂得不多，学校的课程安排也不合理。我通常会劝这些学生说："与其诅咒黑暗，不如点亮蜡烛。"大学生不应该只会跟在老师的身后亦步亦趋，而应当主动走在老师的前面。例如，大学老师在一个课时里通常要涵盖课本中几十页的信息内容，仅仅通过课堂听讲是无法把所有知识学通、学透的。最好的学习方法是在老师讲课之前就把课本中的相关问题琢磨清楚，然后在课堂上对照老师的讲解弥补自己在理解和认识上的不足之处。

中学生在学习知识时更多的是追求"记住"知识，而大学生就应当要求自己"理解"知识并善于提出问题。对每一个知识点，都应当多问几个"为什么"。一旦真正理解了理论或方法的来龙去脉，大家就能举一反三地学习其他知识，解决其他问题，甚至达到无师自通的境界。

事实上，很多问题都有不同的思路或观察角度。在学习知识或解决问题时，不要总是死守一种思维模式，不要让自己成为课本或经验的奴隶。只有在学习中敢于创新，善于从全新的角度出发思考问题，学生潜在的思考能力、创造能力和学习能力才能被真正激发出来。

《礼记·学记》上讲："独学而无友，则孤陋而寡闻。"也就是说，大学生应当充分利用学校里的人才资源，从各种渠道吸收知识和方法。如果遇到好的老师，你可以主动向他们请教，或者请他们推荐一些课外的参考读物。除了资深的教授以外，大学中的青年教师、博士生、硕士生，乃至自己的同班同学都是最好的知识来源和学习伙伴。每个人对问题的理解和认识都不尽相同，只有互帮互学，大家才能共同进步。

有些同学曾告诉我说，他们很羡慕我在读书时能有一位获得过图灵奖的大师传道授业。其实，虽然我非常推崇我的老师，但他在大学期间并没有教给我多少专业知识。他只是给我指明了大方向，让我分享他的经验，给我提供研究的资源，并教我做人的方法。他没有时间也没有必要指导我学习具体的专业知识。我在大学期间积累的专业知识都是通过自学获得的。刚入门时，我曾多次红着脸向我的师兄请教最基本的知识内容，开会讨论时我曾问过不少肤浅的问题，课余时间我还主动与同学探讨、切磋。"三人行必有我师"，大学生的周围到处是良师益友。只要珍惜这些难得的机会，大胆发问，经常切磋，我们就能学到最有用的知识和方法。

大学生应该充分利用图书馆和互联网，培养独立学习和研究的本领，为适应今后的工作或进一步的深造做准备。首先，除了学习老师规定的课程以外，大学生一定要学会查找书籍和文献，以便接触更广泛的知识和研究成果。例如，当我们在一门课上发现了自己感兴趣的课题，就应当积极去图书馆查阅相关文献，了解这个课题的来龙去脉和目前的研究动态。熟练和充分地使用图书馆资源，这是大学生特别是那些有志于科学研究的大学生的必备技能之一。读书时，应尽量多读一些英文原版教材。有些原版教材写得深入浅出，附有大量实例，比中文教材还适于自学。其次，在书本之外，互联网也是一个巨大的资源库，大学生们可以借助搜索引擎在网上查找各类信息。"开复学生网"开通以来，我发现很多同学其实并没有很好地掌握互联网的搜索技巧，有时他们提出的问题只要在搜索引擎中简单检索一下，就能轻易找到答案。还有些同学很容易相信网上的谣言，而不会利用搜索引擎自己查考、求证。除了搜索引擎以外，网上还有许多网站和社区也是很好的学习园地。

自学时，不要因为达到了学校的要求就沾沾自喜，也不要认为自己在大学里功课好就足够了。在 21 世纪的今天，人才已经变成了一个国际化的概念。当你对自己的成绩感到满意时，我建议你开始自学一些国际一流大学的课程。例如，美国麻省理工学院（MIT）的开放式课程已经在网上无偿发布出来，大家不妨去看看 MIT 的网上课程，做做 MIT 的网上试题。当你可以自如地掌握 MIT 课程时，你就可以更加自信地面对国际化的挑战了。

总之，善于举一反三，学会无师自通，这是大学四年中你可以送给自己的最好的礼物。

基础知识：数学、英语、信息技术、专业基础课

我曾经说过，中国学生的一大优势是扎实的基础知识，如数学、物理等。但是，最近几年，同学们在目睹了很多速成的例子之后，也迫切希望能驶上成功的快车道。这渐渐形成了一种追求速成的浮躁风气。有许多大学生梦想在毕业后就立即能做"经理""老板"，还有许多大学生入学时直接选择了"管理"专业，因为他们认为从这样的专业毕业后马上就可以成为企业的管理者。可不少学生进入了管理专业后，才发现自己对本专业的学习毫无兴趣。其实，管理专业和其他专业一样，都是传授基础知识和基本方法的地方，没有哪个专业可以保证学生在毕业时就能走上领导岗位。无论同学们所学的是哪个专业，大学毕业才是个人事业的真正开始。想做企业领导或想做管理工作的同学也必须从基层做起，必须首先在人品方面学会做人，在学业方面打好基础。

如果说大学是一个学习和进步的平台，那么，这个平台的地基就是大学里的基础课程。在大学期间,同学们一定要学好基础知识(数学、英语、计算机和互联网的使用，以及本专业要求的基础课程，如商学院的财务、经济等课程)。在科技发展日新月异的今天，应用领域里很多看似高深的技术在几年后就会被新的技术或工具取代。只有对基础知识的学习才可以受用终身。另一方面，如果没有打下好的基

础，大学生们也很难真正理解高深的应用技术。最后，在许多的中国大学里，教授对基础课程也比对最新技术有更丰富的教学经验。

数学是理工科学生必备的基础。很多学生在高中时认为数学是最难学的，到了大学里，一旦发现本专业对数学的要求不高，就会彻底放松对数学知识的学习，而且他们看不出数学知识有什么现实的应用或就业前景。但大家不要忘记，绝大多数理工科专业的知识体系都建立在数学的基础之上。例如，要想学好计算机工程专业，那至少要把离散数学（包括集合论、图论、数理逻辑等）、线性代数、概率统计和数学分析学好；要想进一步攻读计算机科学专业的硕士或博士学位，可能还需要更高的数学素养。同时，数学也是人类几千年积累的智慧结晶，学习数学知识可以培养和训练人的思维能力。通过对几何的学习，我们可以学会用演绎、推理来求证和思考的方法；通过学习概率统计，我们可以知道该如何避免钻进思维的死胡同，该如何让自己面前的机会最大化。所以，大家一定要用心把数学学好，不能敷衍了事。学习数学也不能仅仅局限于选修多门数学课程，而是要知道自己为什么学习数学，要从学习数学的过程中掌握认知和思考的方法。

21 世纪里最重要的沟通工具就是英语。有些同学在大学里只为了考过四级、六级而学习英语，有的同学仅仅把英语当作一种求职必备的技能来学习，甚至还有人认为学习和使用英语等于崇洋媚外。其实，学习英语的根本目的是为了掌握一种重要的学习和沟通工具。在未来的几十年里，世界上最高深的技术以及大多数知识分子间的相互交流还是用英语进行。因此，英语学习是至关重要的，除非你想做一个与国际脱节的人。在软件行业里，不但编程语言是以英语为基础设计出来的，最重要的教材、论文、参考资料、用户手册等资源也大多是用英语写就的。学英语绝不等于崇洋媚外。中国正在走向世界，中国需要学习西方的先进思想和先进科学技术，学好英语才是真正的爱国。

很多中国留学生的英语考试成绩不错，也高分考过四级、六级、托福，但是留学美国后上课时却很难听懂课程内容，和外国同学交流时就更加困难。我们该如何学好英语呢？既然英语是最重要的沟通工具，那么，最重要的学习方法就是尽量与实践结合起来，不能只"学"不"用"，更不能只靠背诵的方式学习英语。读书时，大家尽量阅读原版的专业教材（如果英语不够好，可以先从中英对照的教材看起），并适当地阅读一些自己感兴趣的专业论文，这可以同时提高英语和相关专业的知识水平。其次，提高英语听说能力的最好方法是直接与那些以英语为母语的外国人对话。现在有很多在中国学习和工作的外国人，他们中的不少人为了学中文，很愿意与中国学生对话、交流，这是很好的学习机会。此外，大家不要把学英语当作一件苦差事，完全可以用有趣的方法学习英语。例如，可以多看一些名人的对话或演讲，多看一些小说、戏剧甚至漫画。初学者可以找英文原版的教学节目和录像来学习，有一定基础的则应该看英文电视或电影。看一部英文电影时，最好先在有字幕的时候看一遍，同时查阅生词、熟悉句式，然后在不加字幕的情况下再看一遍，仅靠耳朵去听。听英文广播也是很好的练习英文听力的方法，大家每天最好能抽出半小时到一小时的时间收听广播并尽量理解其中的内容，有必要的话还可以录下来反复收听。在互联网上也有许多互动式的英语学习网站，大家可以在网站上用游戏、自我测试、双语阅读等方式提升英语水平。总之，勇于实践、持之以恒是学习英语的必由之路。

信息时代已经到来，大学生在信息科学与信息技术方面的素养也已成为他们进入社会的必备基础之一。虽然不是每个大学生都需要懂得计算机原理和编程知识，但所有大学生都应能熟练地使用计算机、互联网、办公软件和搜索引擎，都应能熟练地在网上浏览信息和查找专业知识。在 21 世纪里，使用计算机和网络就像使用纸和笔一样是人人必备的基本功。不学好计算机，你就无法快捷全面地获得自己需要的知识或信息。

最后，每个特定的专业也有它自己的基础课程。以计算机专业为例，许多大学生只热衷于学习最新的语言、技术、平台、标准和工具，因为很多公司在招聘时都会要求这些方面的基础或经验。这些新技术虽然应该学习，但计算机基础课程的学习更为重要，因为语言和平台的发展日新月异，但只要学好基础课程（如数据结构、算法、编译原理、计算机原理、数据库原理等）就可以万变不离其宗。有位同学动地把这些基础课程比拟为计算机专业的内功，而把新的语言、技术、平台、标准和工具比拟为计算机专业的外功。那些只懂得追求时髦的学生最终只知道些招式的皮毛，而没有内功的积累，他们是不可能成为真正的高手的。

虽然我一向鼓励大家追寻自己的兴趣，但在这里仍需强调，生活中有些事情即便不感兴趣也是必须要做的。例如，打好基础，学好数学、英语和计算机的使用就是这一类必须做的事情。如果你对数学、英语和计算机有兴趣，那你是幸运儿，可以享受学习的乐趣；但就算你没有兴趣，你也必须把这些基础打好。打基础是苦功夫，不愿吃苦是不能修得正果的。

实践贯通："做过的才真正明白"

上高中时，许多学生会向老师提出"为什么？有什么用？"的问题，通常，老师给出的答案都是"不准问"。进入大学后，这些问题的答案应该是"不准不问"。在大学里，同学们应该懂得每一个学科的知识、理论、方法与具体的实践、应用如何结合起来，尤其是工科的学生更是如此。

有一句关于实践的谚语是这样说的："我听到的会忘掉，我看到的能记住，我做过的才真正明白。"

无论学习何种专业、何种课程，如果能在学习中努力实践，做到融会贯通，我们就可以更深入地理解知识体系，可以牢牢地记住学过的知识。因此,我建议同学们多选些与实践相关的专业课。实践时,最好是几个同学合作,这样,既可经过实践理解专业知识,也可以学会如何与人合作,培养团队精神。如果有机会在老师手下做些实际的项目,或者走出校门打工,只要不影响课业,这些做法都是值得鼓励的。外出打工或做项目时,不要只看重薪酬待遇(除非生活上确实有困难),有时候,即便待遇不满意,但有许多培训和实践的机会,我们也值得一试。

以计算机专业为例,实践经验对于软件开发来说更是必不可少的。微软公司希望应聘程序员的大学毕业生最好有十万行的编程经验。理由很简单:实践性的技术要在实践中提高。计算机归根结底是一门实践的学问,不动手是永远也学不会的。因此,最重要的不是在笔试中考高分,而是实践能力。但是,在与中国学生的交流过程中,我很惊讶地发现,中国某些学校计算机系的学生到了大三还不会编程。这些大学里的教学方法和课程的确需要更新。如果你不巧是在这样的学校中就读,那你就应该从打工、自学或上网的过程中寻求学习和实践的机会。在网上可以找到许多实践项目,例如,有一批爱好编程的学生建立了一个讨论软件技术的网站,在其中共享他们的知识和实践经验,并成功举办了很多次活动(如在各大高校举办校园技术教育会议),还出版了帮助学生提高技术、解答疑难方面的图书,该网站有多位成员获得了"微软最有价值的专家"的称号。

培养兴趣：开阔视野，立定志向

孔子说："知之者不如好之者，好之者不如乐之者。"我在"第三封信"中曾深入论述了快乐和兴趣是一个人成功的关键。如果你对某个领域充满激情，你就有可能在该领域中发挥自己所有的潜力，甚至为它而废寝忘食。这时候，你已经不是为了成功而学习，而是为了"享受"而学习了。在"第三封信"中，我也曾谈到我自己是如何在大学期间放弃了我不感兴趣的法律专业而进入我所热爱的计算机专业学习的。

有些同学问我，如何像我一样能找到自己的兴趣呢？我觉得，首先要客观地评估和寻找自己的兴趣所在：不要把社会、家人或朋友认可和看重的事当作自己的爱好；不要以为有趣的事就是自己的兴趣所在，而是要亲身体验它并用自己的头脑做出判断；不要以为有兴趣的事情就可以成为自己的职业，例如，喜欢玩网络游戏并不代表你会喜欢或有能力开发网络游戏；不要以为有兴趣就意味着自己有这方面的天赋，不过，你可以尽量寻找天赋和兴趣的最佳结合点，例如，如果你对数学有天赋但又喜欢计算机专业，那么你完全可以做计算机理论方面的研究工作。

寻找兴趣点的最好的方法是开阔自己的视野，接触众多的领域。唯有接触你才能尝试，唯有尝试你才能找到自己的最爱。而大学正是这样一个可以让你接触并尝试众多领域的独一无二的场所。因此，大学生应当更好地把握在校时间，充分利用学校的资源，通过使用图书馆资源、旁听课程、搜索网络、听讲座、打工、参加社团活动、与朋友交流、使用电子邮件和电子论坛等不同方式接触更多的领域、更多的工作类型和更多的专家学者。当年，如果我只是乖乖地到法律系上课，而不去尝试旁听计算机系的课程，我就不会去计算机中心打工，也不去找计算机系的助教切磋，就更不会发现自己对计算机的浓厚兴趣。

通过开阔视野和接触尝试，如果你发现了自己真正的兴趣爱好，这时就可以去尝试转系的可能性、尝试课外学习、选修或旁听相关课程；你也可以去找一些打工或假期实习的机会，进一步理解相关行业的工作性质；或者，努力去考自己感兴趣专业的研究生，重新进行一次专业选择。其实，本科读什么专业并不能完全决定毕业后的工作方向，正如我所强调的那样，大学期间的学习过程培养的是你的学习能力，只要具备了这种能力，即使从事的是全新的工作，你也能在边做边学的过程中获取足够的知识和经验。

除了"选你所爱"，大家也不妨试试"爱你所选"。有些同学后悔自己在入学时选错了专业，以至于对所学的专业缺乏兴趣，没有学习动力；有些同学则因为追寻兴趣而"走火入魔"，毕业后才发现荒废了本专业的课程；另一些同学因为在学习上遇到了困难或对本专业抱有偏见，就以兴趣为借口，不愿意面对自己的专业。这些做法都是不正确的。在大学中，转系可能并不容易，所以，大家首先应尽力试着把本专业读好，并在学习过程中逐渐培养自己对本专业的兴趣。此外，一个专业里可能有很多不同的领域，也许你对专业里的某一个领域会有兴趣。现在，有很多专业发展了交叉学科，两个专业的结合往往是新的增长点。因此，只要多接触、多尝试，你也许就会碰到自己真正感兴趣的方向。"数字笔"的发明人王坚博士在微软亚洲研究院负责用户界面的研究，可是谁又能想到他从本科到博士所学的都是心理学专业，而用户界面又正是计算机和心理学专业的最佳结合点。另一方面，就算你毕业后要从事其他的行业，你依然可以把自己的专业读好，这同样能成为你在新行业中的优势。例如，有一位同学不喜欢读工科，想毕业后进入服务业发展，我就建议他先把工科读好，将来可以在服务业中以精通技术作为自己的特长。

人生的路很长，每个人都可以有很多不同的兴趣爱好。在追寻兴趣之外，更重要的是要找寻自己终身不变的志向。有一本书的作者曾访问了几百个成功者，问他们有哪件事是他们今天已经懂得，但在年轻时却留下了遗憾的事情。在受访者的回答中，最多的一种是："希望在年轻时就有前辈告诉我、鼓励我去追寻自己的理想和志向。"相比之下，兴趣固然关键，但志向更为重要。例如，我的志向是"使影响力最大化"，多年以来，我有许多兴趣爱好，如语音识别、对弈软件、多媒体、研究到开发的转换、管理学、满足用户的需求、演讲和写作、帮助中国学生等等，兴趣可以改变，但我的志向是始终不渝的。因此，大家不必把某种兴趣当作自己最后的目标，也不必把任何一种兴趣的发展道路完全切断，在志向的指引下，不同的兴趣完全可以平行发展，实在必要时再做出最佳的抉择。志向就像罗盘，兴趣就像风帆，两者相辅相成、缺一不可，它们可以让你驶向理想的港湾。

积极主动：果断负责，创造机遇

创立"开复学生网"时，我的初衷是"帮助学生帮助自己"。但让我很惊讶的是，更多的学生希望我直接帮他们做出决定，甚至仅在简短的几句自我介绍后就直接对我说："只有你能告诉我，我该怎么做"。难道一个陌生人会比你更知道自己该怎么做吗？我慢慢认识到，这种被动的思维方式是从小在中国的教育环境中培养出来的。被动的人总是习惯性地认为他们现在的境况是他人和环境造成的，如果别人不指点，环境不改变，自己就只有消极地生活下去。持有这种态度的人，事业还没有开始，自己就已经被击败，我从来没见过这样消极的人可以取得持续的成功。

从大学的第一天开始，你就必须从被动转向主动，你必须成为自己未来的主人，你必须积极地管理自己的学业和将来的事业，理由很简单：因为没有人比你更在乎你自己的工作与生活。"让大学生活对自己有价值"是你的责任。许多同学到了大四才开始做人生和职业规划，而一个主动的学生应该从进入大学时就开始规划自己的未来。

积极主动的第一步是要有积极的态度。大家可以用我在《第三封信》里推荐的方法，积极规划自己的人生目标，追寻兴趣并尝试新的知识和领域。纳粹德国某集中营的一位幸存者维克托·弗兰克尔曾说过："在任何特定的环境中，人们还有一种最后的自由，就是选择自己的态度。"

积极主动的第二步是对自己的一切负责，勇敢面对人生。不要把不确定的或困难的事情一味搁置起来。比如说，有些同学认为英语重要，但学校不考试就不学英语；或者，有些同学觉得自己需要参加社团磨练人际关系，但是因为害羞就不积极报名。但是，我们必须认识到，不去解决也是一种解决，不做决定也是一个决定，这样的解决和决定将使你面前的机会丧失殆尽。对于这种消极、胆怯的作风，你终有一天会付出代价的。

积极主动的第三步是要做好充分的准备：事事用心，事事尽力，不要等机遇上门；要把握住机遇，创造机遇。中国科技大学前校长朱清时院士在大三时被分配到青海做铸造工人。但他不像其他同学那样放弃学习，整天打扑克、喝酒。他依然终日钻研数理化和英语。六年后，中国科学院要在青海做一个重要的项目，这时朱校长就脱颖而出，开始了他辉煌的事业。很多人可能说他运气好，被分配到缺乏人才的青海，才有这机会。但是，如果他没有努力学习，也无法抓住这个机遇。所以，做好充分的准备，当机遇来临时，你才能抓住它。

积极主动的第四步是"以终为始"，积极地规划大学四年。任何规划都将成为你某个阶段的终点，也将成为你下一个阶段的起点，而你的志向和兴趣将为你提供方向和动力。如果不知道自己的志向和兴趣，你应该马上做一个发掘志向和兴趣的计划；如果不知道毕业后要做什么，你应该马上制定一个尝试新领域的计划；如果不知道自己最欠缺什么，你应该马上写一份简历，找你的老师、朋友打分，或自己审阅，看看哪里需要改进；如果毕业后想出国读博士，你应该想想如何让自己在申请出国前有具体的研究经验和学术论文；如果毕业后想进入某个公司工作，你应该收集该公司的招聘广告，以便和你自己的履历对比，看自己还欠缺哪些经验。只要认真制定、管理、评估和调整自己的人生规划，你就会离你自己的目标越来越近。

掌控时间：事分轻重缓急，人应自控自觉

除了积极主动的态度，大学生还要学会安排自己的时间，管理自己的事务。一位同学是这么描述大学生活的：

> 大学和高中相比似乎没有什么太大的区别，每天依旧是学习，每次考试后依旧是担心考试成绩……不同的只是大学里上网的时间和睡觉的时间多了很多，压力也小了很多。

这位同学并不明白，"时间多了很多"正是大学与高中之间巨大的差别。时间多了，就需要自己安排时间、计划时间、管理时间。

　　安排时间除了做一个时间表外，更重要的是"事分轻重缓急"。在《高效能人士的七个习惯》一书中，作者史蒂芬·柯维提出，"重要事"和"紧急事"的差别是人们浪费时间的最大理由之一。因为人的惯性是先做最紧急的事，但这么做会导致一些重要的事被荒废掉。例如，我认为这篇文章里谈到的各种学习都是"重要的"，但它们不见得都是老师布置的必修课业，采纳我的建议的同学们依然会因为考试、交作业等紧急的事情而荒废了打好基础、学习做人等重要的事情。因此，每天管理时间的一种好方法是，早上确定今天要做的"紧急事"和"重要事"，睡前回顾一下，这一天有没有做到两者的平衡。

　　每个人都有许多"紧急事"和"重要事"，想把每件事都做到最好是不切实际的。我建议大家把"必须做的事"和"尽量做的事"分开。必须做的事要做到最好，但尽量做的事尽力而为即可。建议大家用良好的态度和宽广的胸怀接受那些你暂时不能改变的事情，多关注那些你能够改变的事情。此外，还要注意生物钟的运行规律，按时作息，劳逸结合，这样才能在学习时有最好的状态。

　　大学四年是最容易迷失方向的时期。大学生必须有自控的能力，让自己交些好朋友，学些好习惯，不要沉迷于对自己无益的习惯（如网络游戏）里。一位积极、主动的中国学生在"开复学生网"上劝告其他同学："不要玩游戏，至少不要玩网络游戏。我所认识的专业水平比较高的大学朋友中没有一个玩网络游戏的。沉迷于网络游戏是对现实的逃避，是不愿面对自己不足的一面。我认为，要脱离网络游戏，就得珍惜自己宝贵的大学时间，找到自己感兴趣的方向，做一些有意义并能给自己带来满足感的事情。"

为人处事：培养友情，参与群体

很多大学生入校时都是第一次离开父母，离开自己生长的环境。进入校园开始集体生活后，如何与同学、朋友以及社团的同事相处就成为大学生学习内容的一部分。大学是大家最后一次可以在相对宽松的环境中学习、培养、训练如何与人相处的机会。在未来，人们在社会里、在工作中与人相处的能力会变得越来越重要，甚至超过了工作本身。所以，大学生要好好把握机会，培养自己的交流意识和团队精神。

"人际交往能力不够强，人际圈子不够广，但又没有什么特长可以引起大家的注意，在社团里也不知道怎么和其他人有效地建立联系。"这是一些大学生在人际交往方面经常遇到的困惑。对于如何在大学期间提高人际交往能力，我的建议是：

第一，以诚待人，以责人之心责己、以恕己之心恕人。对别人要抱着诚挚、宽容的胸襟，对自己要怀着自我批评、有过必改的态度。与人交往时，你怎样对待别人，别人也会怎样对待你。这就好比照镜子一样，你自己的表情和态度，可以从他人对你流露出的表情和态度中一览无遗。你若以诚待人，别人也会以诚待你。你若敌视别人，别人也会敌视你。最真挚的友情和最难解的仇恨都是由这种"反射"原理逐步造成的。因此，当你想修正别人时，你应该先修正自己。你想别人怎么对你，你就应该怎么对人。你想他人理解你，你就要首先理解他人。

第二，培养真正的友情。如果能做到第一点，很多大学时的朋友就会成为你一辈子的知己。在一起求学和寻求自身发展的道路上，这样的友谊弥足珍贵。交朋友时，不要只去找与你性情相近或只会附和你的人做朋友。好朋友有很多种：乐观的朋友、智慧的朋友、脚踏实地的朋友、幽默风趣的朋友、激励你上进的朋友、提升你能力的朋友、帮你了解自己的朋友、对你说实话的朋友等等。此外，大学时谈恋爱也可以教你如何照顾别人，增进同理心和自控力，但恋爱这件事要一切随缘，不必为了谈恋爱而谈恋爱。

第三，学习团队精神和沟通能力。社团是微观的社会，参与社团是步入社会前最好的磨练。在社团中，可以培养团队合作的能力和领导才能，也可以发挥你的专业特长。但更重要的是，你要做一个诚心诚意的服务者和志愿者，或在担任学生工作时主动扮演同学和老师之间沟通桥梁的角色，并以此锻炼自己的沟通能力，为同学和老师服务。这样的学习过程也不会很轻松，挫折是肯定有的，但是不要灰心，大学社团里的人际交往是一种不用"付学费"的学习，犯了错误也可以重头来过。

第四，从周围的人身上学习。在班级里、社团中，多观察周围的同学，特别是那些你觉得交往能力和沟通能力特别强的同学，看他们是如何与人相处的。比如，看他们如何处理交往中的冲突、如何说服他人和影响他人、如何发挥自己的合作和协调能力、如何表达对他人的尊重和真诚、如何表示赞许或反对，如何在不冒犯他人的情况下充分展示个性等等。通过观察和模仿，你渐渐地会发现，自己的人际交往能力会有意想不到的改进。在学校里，每一个朋友都可以成为你的良师，他们的热心、幽默、机智、博学、正直、沟通、礼貌等品德都可以成为你的学习对象。当然，你也应当慷慨地帮助每一个朋友，试着做他们的良师和模范。

第五，提高自身修养和人格魅力。如果觉得没有特长、没有爱好可能会成为自己人际交往能力提高的一个障碍，那么，你可以有意识地去选择和培养一些兴趣爱好。共同的兴趣和爱好也是你与朋友建立深厚感情的途径之一。很多在事业上有所建树的人都不是只会闭门苦读的书呆子，他们大多都有自己的兴趣和爱好。我在微软亚洲研究院的同事中就有绘画、桥牌和体育运动方面的高手。业余爱好不仅是人际交往的一种方式，还可以让大家发掘出自己在读书以外的潜能。例如，体育锻炼既可以发挥你的运动潜能，也可以培养你的团队合作精神。如果真的没有什么兴趣爱好，那么，多读些好书丰富自己的知识也可以改进自己的人际交往能力，因为没有什么比智慧和渊博更能体现一个人的人格魅力了。

所以，学会与人相处，这也是大学中的一门"必修课"。

对大学生们的期望

踏入大学校门时，你还是一个忙碌的、青涩的、被动的、为分数读书的、被家庭呵护着的中学毕业生。

经过大学四年，你会从思考中确立自我，从学习中寻求真理，从独立中体验自主，从计划中把握时间，从表达中锻炼口才，从交友中品味成熟，从实践中赢得价值，从兴趣中攫取快乐，从追求中获得力量。

离开大学时，只要做到了这些，你最大的收获将是"对什么都可以拥有的自信和渴望"。你就能成为一个有潜力、有思想、有价值、有前途的中国未来的主人翁。

所以，大学四年应该这么度过。

给青年学生的第五封信

—— 你有选择的权利

引　言

中国的很多学生都有一个弱点：凡事都需要别人来安排，凡事都需要依赖于别人。从小学到中学，从中学到大学，从大学到就业，他们都是听家长的话、听老师的话的好孩子，但他们似乎从来都不知道自己真正需要什么样的生活，不知道自己在哪些问题上应该自主抉择。这样的学生也许可以在稳定乃至僵化的环境中按部就班地学习、生活，但却无法适应今天这个日新月异的信息时代对人才的要求。

我曾与《世界是平的》（*The World Is Flat*）一书的作者托马斯·弗里德曼（Thomas L.Friedman）就网络时代人类所拥有的选择权的问题进行了深入的交谈。我们都同意著名管理学家彼得·德鲁克（Peter Drucker）的观点："未来的历史学家会说，这个世纪最重要的事情不是技术或网络的革新，而是人类生存状况的重大改变。在这个世纪里，人将拥有更多的选择，他们必须积极地管理自己。"也就是说，互联网等信息技术的使用消弭了人与人之间的隔阂，世界前所未有地"平坦"起来，每个人都可以拥有全部的信息，每个人也都可以在与他人充分沟通的基础上拥有选择自己的生活或行为方式的权利。在这样充满创新精神的时代里，主动、积极、坚定的人远比那些被动、消极、迷茫的人更能创造出最大的价值，获得最多的快乐。

2005 年，我读到了苹果公司总裁史蒂夫·乔布斯（Steve Jobs）在斯坦福大学毕业典礼上的致词。他的话平实、坚定而又充满感召力："你的内心与直觉知道你真正想成为什么样的人。任何其他事物都是次要的。"这再次印证了积极主动对于青年学生的重要性。

有一位中国留学生看完了《第三封信》后，感触很深，他写了一封信给我说："很小的时候，我的目标就是长大，长大了做什么，我当时没有想；读小学的时候，父母给我的目标就是考初中，考上初中做什么，我没有想过；读初中的时候，父母给我的目标就是考高中，考上高中做什么，我没有想过；读高中的时候，父母给我的目标就是考大学，考上大学做什么，我没有想过；上大学的时候，父母给我的目标就是要出国，出国做什么，我也没有想过；现在留学拿到了学位，要找工作了，下一步我该做些什么呢？这次，我要好好地想一想。谢谢你的《第三封信》，它唤醒了我埋藏了二十五年的进取心，它改变了我二十五年来被动的生活方式。从今天开始，我要积极主动地为自己而生活！"

当我为这位中国留学生终于理解他"有选择的权利"感到欢欣鼓舞的时候，我不禁想到，还有更多的年轻人依然在被动的道路上迷茫地生活着。在"开复学生网"我每天都看到"只有你能告诉我，我该怎么做"的被动思维。

在中国的教育体制下，学生们事事要听从父母和老师的安排，遇到问题也可以直接从父母和老师那里获得帮助，这很容易养成被动的习惯。因此，许多年轻人不善于主动规划自己的成长路线，不知道如何积极地寻找资源，使自己的学业和人生迈上更高的阶梯。

另一方面，中国的父母和老师习惯于使用越俎代庖的方式，帮助孩子设计人生规划，这通常会使很多人忽视了自己真正的性格和兴趣，当这些孩子长大以后，他们多半会发现，自己早已迷失在"自我缺失"的海洋里了。

此外，中国的传统文化强调群体意识，大力推崇"从上""从众"等行为方式，这些思想潜移默化地影响着一代又一代的青年，以至于许多年轻人觉得，"自主"这两个字是那么陌生和遥远。

所以，消极到积极之路是充满荆棘的。虽然在我的前四封信都有提到积极主动的重要性，我决定特别写一封有关积极主动的信。

为了成为国际化的人才，为了在信息时代发挥自己的最大潜能，每一个有进取心的青年都应该努力迫使自己从被动转向主动，大家必须成为自己未来的主人，必须积极地管理自己的学业和未来的事业——没有人比你自己更在乎你的工作与生活，没有人比你自己更适于管理你的人生和事业，只有积极主动的你，才能找到真正的"自我"，才能让自己在成功的道路上永远快乐！

什么是积极主动？

积极主动（Pro-active）这个词最早是由著名心理学家维克多·弗兰克推介给大众的。弗兰克本人就是一个积极主动、永不向困难低头的典型。

弗兰克原本是一位受弗洛伊德心理学派影响颇深的决定论心理学家，但是，他在纳粹集中营里经历了一段凄惨的岁月后，开创出了独具一格的心理学流派。

弗兰克的父母、妻子、兄弟都死于纳粹魔掌，而他本人则在纳粹集中营里受到严刑拷打。有一天，他赤身独处于囚室之中，突然意识到了一种全新的感受——也许，正是集中营里的恶劣环境让他猛然警醒："在任何极端的环境里，人们总会拥有一种最后的自由，那就是选择自己的态度的自由。"

弗兰克的意思是说，在一个人极端痛苦无助的时候，他依然可以自行决定他的人生态度。在最为艰苦的岁月里，弗兰克选择了积极向上的态度。他没有悲观绝望，反而在脑海中设想，自己获释以后该如何站在讲台上，把这一段痛苦的经历介绍给自己的学生。凭着这种积极、乐观的思维方式，他在狱中不断磨练自己的意志，直到自己的心灵超越了牢笼的禁锢，在自由的天地里任意驰骋。

弗兰克在狱中发现的思维准则，正是我们每一个追求成功的人所必须具有的人生态度——积极主动。

消极被动的人和积极主动的人在很多方面都存在巨大差异：

	消极被动的人	积极主动的人
自己和环境	自己受环境的左右	自己有选择的权利
人和事	事情主导人	人可以主导或推动事情的进展
遇到问题时	寻求帮助	独立思考
环境不好时	怨天尤人	积极进取
常说的话	谁可以告诉我该怎么做？ 我必须服从环境的安排。 谁可以告诉我该选什么专业？ 怎么都没有人注意到我？ 我总是没时间做某事。 只有你可以告诉我该怎么做。 我父母都有糖尿病，我也一定会得。	一切靠自己，我可以做得更好。 我有选择的权利。 我要制定一个计划，以选择最适合我的专业。 我要去学习如何引起人们的重视。 我该放弃哪些不重要的事，才能做最重要的事？ 只有我自己才有权利和责任决定我该怎么做。 虽然父母有糖尿病，但只要注意锻炼，注意饮食，就能降低得病的概率。

消极被动（Reactive）的人总是认为自己受环境和他人的左右，如果别人不指点，环境不改变，自己就只有消极地生活下去。碰到问题的时候，消极被动的人总会找人帮着决定，环境不好的时候，他们就会怨天尤人。他们总是在等待命运安排或贵人相助。对一件事情，他们总认为是事情找上他们，自己无法主导或推动事情的进展。

积极主动的人认为，无论在任何情况下，自己总有选择的权利。所以，他们对自己总是有一份责任感，因为命运操纵在自己的手里，而自己并不是环境或他人的附庸。对一件事情，他们总是认为，自己可以主导事情的发生、发展。

为什么要积极主动？

三十年前，在工业社会里，每位员工是企业的机器里的一个齿轮。虽然机器需要齿轮，但是齿轮是可替换的。最好的齿轮是耐用的，不是卓越的。因此这些公司最喜欢的人才是：

一个有专业知识的、能够埋头苦干的人。

斗转星移，在今天这个瞬息万变的时代里，人们对人才的定义已经发生了很大的变化，因为在现代化的企业中，有更多的人享有决策的权利，有更多的人必须在思考中不断创新，也有更多的人有足够的空间来决定要做什么、要怎么做……大多数人的工作不再是机械式的重复劳动，而是需要独立思考、自主决策的复杂过程。著名的管理学家彼得·德鲁克曾指出：“未来的历史学家会说，这个世纪最重要的事情不是技术或网络的革新，而是人类生存状况的重大改变。在这个世纪里，人将拥有更多的选择，他们必须积极地管理自己。”所以，今天大多数优秀的企业对人才的期望是：

积极主动、充满热情、灵活自信的人。

要想在现代化的企业中获得成功，就必须努力培养自己的主动意识：在工作中要勇于承担责任，主动为自己设定工作目标，并不断改进方式和方法；此外，还应当培养推销自己的能力，在领导或同事面前要善于表现自己的优点，

作为当代中国的青年一代，你应该不再只是被动地等待别人告诉你应该做什么，而是应该主动去了解自己要做什么，并且规划它们，然后全力以赴地去完成。想想今天世界上最成功的那些人，有几个是唯唯诺诺、被动消极的人？对待自己的学业和研究项目，你需要以一个母亲对孩子那样的责任心全力投入、不断努力。只要有了积极主动的态度，没有什么目标是不能达到的。

其实，许多年轻人并不是没有积极主动的态度做出自己的决定，而是不习惯在重大问题上做出自己的决定。如果我问一位中国的大学生：“你最常做的决定是什么？”他的回答很有可能是决定买什么样的电脑，看什么电影，读什么书等等。这些事情固然需要做出决定，但是，许多更重要的决定需要由你自己做出。例如，读什么专业，读什么学校，考研还是出国等决定，大家可能习惯于听父母的安排，或

参考大多数同学的选择——殊不知，在这些最重要的问题上，只有你自己的决定才能帮助你迈向真正的成功。自己做无关紧要的决定，但是对一生有重大影响的决定却听他人的。这是多么不合逻辑呀！此外，就算你自己做出了决定，也不见得你事先已经花了足够的时间调查和研究。鲁莽或草率的决定可能会让你后悔一辈子！

当谷歌的创始人谢尔盖·布林（Sergey Brin）和拉里·佩奇（Larry Page）在电视上被访问时，记者问他们的成功应该归功于哪一所学校，他们并没有回答斯坦福大学或密歇根大学，而回答的是蒙台梭利小学自由自在的学习方式。在蒙台梭利教育的环境下，他们学会了"自己的事，自己负责，自己解决"，是这样的积极教育方式赋予了他们鼓励尝试、积极自主、自我驱动的习惯，因而带来了他们的成功。

所以，每一个年轻人都要拥有一个积极、主动的心，你必须善于规划和管理自己的事业，为自己的人生做出最为重要的抉择。没有人比你更在乎你自己的事业，没有什么东西像积极主动的态度一样更能体现你自己的独立人格。

正如美国诗人惠特曼《草叶集》里所写的那样："我不能，别的任何人也不能代替你走过那条路；你必须自己去走。"

积极主动的七个步骤

要达到积极主动的境界，我建议大家按照下面图中所示的七个步骤，循序渐进地调整自己的心态，培养自己的习惯，学习把握机遇、创造机遇的方法，并在积极展示自我的过程中收获成功和快乐。

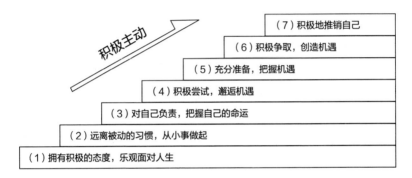

积极主动的七个步骤

- （7）积极地推销自己
- （6）积极争取，创造机遇
- （5）充分准备，把握机遇
- （4）积极尝试，邂逅机遇
- （3）对自己负责，把握自己的命运
- （2）远离被动的习惯，从小事做起
- （1）拥有积极的态度，乐观面对人生

积极主动

步骤一：拥有积极的态度，乐观面对人生

心理学家早已发现：一个人被击败，不是因为外界环境的阻碍，而是取决于他对环境如何反应。中国国家男子足球队前主教练米卢蒂诺维奇所说的"态度决定一切"就是这个意思。埋怨不会改变现实，但是积极的心态和行动可能改变一切。

根据心理学家的统计，每个人每天大约会产生五万个想法。如果你拥有积极的态度，那么你就能乐观地、富有创造力地把这五万个想法转换成正面的能源和动力；如果你的态度是消极的，你就会显得悲观、软弱、缺乏安全感，同时也会把这五万个想法变成负面的障碍和阻力。

消极的人允许或期望环境控制自己，喜欢一切听别人安排，但在这样的情况下，他不可能拥有控制自己命运的能力，也无法避免失败的厄运；相反的，积极的人总是以不屈不挠、坚忍不拔的精神面对困难，他的成功是指日可待的。积极的人总是使用最乐观的精神和最辉煌的经验支配、把握自己的人生；消极者则刚好相反，他们的人生总是处在过去的种种失败与困惑的阴影里。

有了积极的态度，并不能保证事事成功。积极的态度肯定会改变一个人的生活方式，但并不能保证他每件事都心想事成；可是，坚持消极的态度却必败无疑，我从来没见过哪个持有消极态度的人能够取得可持续的、真正的成功。

当然，不是每一件事情都必须由自己来选择，也不是每一件事情都可以由自己来主导。所以，在选择积极态度的同时，我们必须保持平和的心态，也就是我常说的那句话：

"有勇气改变可以改变的事情，有胸怀接受不可改变的事情，有智慧来分辨两者的不同。"

步骤二：远离被动的习惯，从小事做起

消极被动的习惯是积极主动的最大障碍，如果你从小就在消极、被动的环境下长大，你就更应该努力剔除自身所拥有的那些消极因素。

例如，消极被动的人总是迷信宿命论，把不如意的事情纷纷归

罪于基因遗传、星座、血型等因素，并由此变得自怨自艾，总是怪罪别人的不是，指摘环境的恶劣——如果这样的想法成为习惯，他就会陷入消极被动的恶性循环，难以自拔。

年轻人该如何远离消极被动？我想向大家提出五个建议：

一、不要盲目听信人言，应冷静辨析，积极求证

现在，网上经常流传着各种谣言。如果盲目轻信这些谣言，你就会被某些别有用心的人左右。例如，有同学发信来说："自己想读一个民办学校的课程，因为它可以发'英国剑桥大学的学位'。"冷静辨析应该会告诉你：在这样"天上掉馅饼"的事情里总会暗藏着什么圈套。然后只要到搜索引擎积极求证，马上就可辨其真伪。

此外，有许多同学不懂得主动搜寻和验证信息的方法或重要性。有不少同学请我帮他找某某大学的信息，甚至，还有的同学向我询问某个单词的意义和用法——实际上，这些信息在网上只要简单搜索一下，就能找到答案。因此，当我每次查出答案后，总是告诫这些同学说：

"如果你想知道什么，就自己到网上去找，不要急着去问别人；如果你听到了什么，不要盲目信从，应当自己主动去网上求证。"

二、不要让事情找上你，应主动对事情施加影响

每一件发生在你身上的事都应该是因你的决定而发展、变化的，而不应该是因为你无所作为才变成现实的。

有位同学告诉我说："我申请了两个工作，其中，我比较喜欢那份竞争激烈的工作，但同学们也都在争取那份工作。我现在只好选择

等待，如果那家公司不聘请我，我就到另一家公司去。"

我很惊讶地问他："既然你很喜欢第一份工作，为什么你这么被动，只知道等待而不去主动争取呢？"

不要忘了，被动就是弃权，不做决定也是一种决定。

在微软公司工作的华人都知道郭蓓菁，一位小巧玲珑、年轻活泼的女孩。见她第一眼你可能很惊讶她是微软最资深的华人经理之一。但是如果你和她交谈一分钟，你就会一点也不惊讶了。她讲的每一句话都流露了自信和积极乐观的领导力，以及严谨的逻辑和战略思想。她曾告诉我她积极主动的一个故事：

"我十六岁从中国移民到美国。我到美国后六个月就必须参加SAT考试。那时我英语口语已经不差，但是文法、字汇、作文都很不行。虽然我的SAT数学考了780分（接近满分800分），但是英语只考了280分。如果交白卷也有200分，你就可以想象280分是多么糟糕！但是我依然满怀希望地申请了加州大学的电机工程系。"

"由于我的英语SAT分数太低，我的申请表很可能没有被阅读就被直接拒绝了。但是我不服输，我深信：如果我被录取，我会是一个成功的工程师。于是，我决定'上诉'。"

"我直接写了一封信给加州大学的工学院长。在信里，我做了自我介绍，我自豪地描述了我在理工方面的成就，解释了我刚到美国六个月的英语问题，强调了我的学习能力和刻苦精神。最后，我说：'院长女士，如果你录取我，我保证我会成为贵校的财产。'"

"两天后，院长约谈了我。我和她面谈时，她看出我的英语其实已经进步很快。我对她当面保证我的英语会学得和美国同学一样好。一星期后，加州大学收回成命，决定录取我。"

三、不要习惯性地同意或追随别人，应当学会"有主见"

年轻人必须知道自己喜欢什么、需要什么，而不应当随波逐流。

许多同学有很强的"从众"心态，自己有想法不表达，时间久了甚至都不清楚自己的想法是什么了。他们每次都会习惯性地先问别人："你怎么想？"而从不会问问自己："我怎么看？"

要改掉这个习惯，你就需要下定决心，每一件小事都要表达出自己的意见，就算你不是很在乎。例如，自己决定在餐馆点什么菜，自己决定自己的衣着打扮，周末时自己决定要去哪里玩，等等。你应该学会对自己的生活做出合理的安排，而不是"别人怎样我就怎样"。当自己感觉"无所谓"，想依从别人的意见时，记得提醒自己，一定要把自己的选择展现出来。甚至在自己不是很在乎或不是很确定时，也要正确表达出自己的想法。让"无所谓"这个词从你的词汇里消失。

不要被别人影响，也不要觉得自己一定要"从众"。如果和朋友出去吃饭，大家都不要甜点，但是你想吃，那么，千万不要因为别人的决定而影响你自己意见的表达。有没有什么人总是喜欢告诉你该做什么？如果有，下定决心，要求他们不要再这么做。如果他们不听，那就不要和他们在一起。

也就是说，大家要设法让自己潜意识里的"我感觉，我想要"

体现出来，不要被动，不要从众，避免盲目听从父母、老师、名人……答应自己，当你认为必须说"No"的时候，千万不要说"Yes"。从小事到大事，你如果都能做到听从自己的意愿，日子久了，你就会养成积极主动的习惯。

四、不要说"我办不到"，应当积极去尝试

遇到困难时，不要找借口，应该多想一想：有没有别的解决方案？能不能将问题分解开来，一步一步地加以解决？或者，是否需要先提高自己在某方面的能力，然后再回头来处理这个难题？不要因为逃避而说自己没有选择或没有时间——没有人缺少时间，只不过，每个人分配时间的方式有所不同而已。

五、使用语言下意识地训练自己

在史蒂芬·柯维的《高效能人士的七个习惯》中，他提出：我们的语言会下意识地引导我们的思想，也会真切地反映一个人对环境的态度。

习惯于消极被动的人，言语中就会流露出推卸责任的个性。

例如，他们在生气时会抱怨说："他使我怒不可遏！"——他们想说的其实是：责任不在我，是外力左右了我的情绪。

他们总是抱怨："我没时间。"——这表明：又是外力控制了我，让我没有选择的机会。

他们还喜欢说："我不得不如此。"——这其实意味着：迫于环境或他人的压力，我只好选择服从。

他们在自我辩解的时候说："我就是这样的人。"——这其实是在宣称：我已经无法改进或提高自己了。

相反，积极主动的人总是在言语中赋予自己决定的权利，他们喜欢说的话包括："试试看有没有其他的可能性。""也许我可以换个思路。""我可以控制自己的情绪。""我可以想出更有效的表达方式。""我的感觉是……""我选择……""我要……""我情愿……""我打算……""我决定……"等等。

所以，我们要多学习积极主动者的讲话方式，在说话时多用"我……"的句式，多给自己决定的权利，少推卸责任，少埋怨。

步骤三：对自己负责，把握自己的命运

有位学生问我："这个世界到底是不是公平的？"这个问题在"开复学生网"上引起了一场大讨论。有些同学认为世界公平，一个人只要有志气就一定能克服一切障碍；也有些同学认为世界级端不公平，因为无论是财富、天赋还是运气，老天爷好像总是青睐别人。

对此，我的回答是：一切都靠命运（宿命论）和一切都靠自己（人定胜天）都是不合适的。

每一个人都有选择，都有机会，但是，先天和环境因素造成每个人的机会多少不同。所以，这个世界不是完全公平的。但如果你因为世界不公平而放弃了自己的机会和选择，那就是你自己的责任，就不能怪世界不公平了。

举一个比喻。有些人出生时就因为遗传的原因，可能会在某个时候患上较严重的疾病。但这并不表明他一定会患病。如果他能把握机会，做正确的选择，安排好自己的锻炼和饮食，他很可能比谁都健康；但是，如果他就因为"基因不好"就自暴自弃，那么他得病的概率一定会成倍增加。

所以，凡事都要想清楚，什么是自己不能改变而必须接受的，什么是自己可以选择的，什么是自己必须勇敢挑战的。当你碰到不可改变的事情时，要勇敢地接受它，不要把时间浪费在悔恨、羡慕和嫉妒上。你应该做的事是积极主动地抓住命运中你可以选择、可以改变、可以最大化你的影响力的部分。

还有，就算在最艰苦的时候，当你感觉命运已弃你而去时，你总是有选择的。就像弗兰克说的："在任何极端的环境里，人们总会拥有一种最后的自由，那就是选择自己的态度的自由。"

"积极主动"的含义不仅限于主动决定并推动事情的进展，还意味着人必须为自己负责。责任感是一个很重要的观念，积极主动的人不会把自己的行为归咎于环境或他人。他们在待人接物时，总会根据自身的原则或价值观，做有意识的、负责任的抉择，而非完全屈从于外界环境的压力。

对自己负责的人会勇敢地面对人生。大家不要把不确定的或困难的事情一味搁置起来。比方说，有些同学认为英语重要，但学校不考试时，自己就不学英语；或者，有些同学觉得自己需要参加社团锻炼沟通能力，但因为害羞就不积极报名。对此，我们必须认识到，不去解决也是一种解决，不做决定也是一个决定，消极的解决和决定将使你面前的机会丧失殆尽，你终有一天会付出沉重的代价。

有同学问我："不确定时，该如何负责？"其实，就算你不确定自己想要什么，你至少应该知道自己不要什么；就算你不能积极争取你最想要的，至少也应积极避免你最不想要的。

如果你想做一个积极主动、对自己负责的人，我建议你立即行动起来，按照以下几点严格要求自己：

1. 以一整天时间，倾听自己以及四周人们的语言，注意是否有"但愿""我办不到"或"我不得不"等字眼出现。

2. 依据过去的经验，设想一下，自己近期内是否会遭遇一些令人退缩逃避的情况？这种情况处在你自己的影响范围之内吗？你应该如何本着积极主动的原则加以应对？请在脑海中一一模拟。

3. 从工作或日常生活中，找出一个令你倍感挫折的事情。想一想，它属于哪一类，是可以直接控制的事情，还是可以间接控制的事情，抑或根本无法控制的事情？然后在自己的影响范围内寻找解决方案并付诸行动。

4. 锻炼自己积极主动的意识。在接下来的三十天内，专注于自己影响范围内的事物，对自己许下承诺，并予以兑现；做一支照亮他人的蜡烛，而非评判对错的法官；以身作则，不要只顾批评；解决问题，不要制造问题；不必怪罪别人或为自己文过饰非，不怨天，不尤人；

别活在父母、同事或社会的荫庇之下，善用天赋的独立意志，为自己的行为与幸福负责。试行积极主动的三十天训练法，观察一下，自己的影响范围在训练之后是否有所变化？

步骤四：积极尝试，邂逅机遇

在和学生的交流中，我发现，一些学生因为受到一些挫折就丧失了奋斗的勇气。例如，有的学生因为应试教育在大学中延续而后悔念大学，有些学生因为专业不合适就虚度时光，还有的学生因为在研究生期间遇到种种学术上难题而感到气馁……不知道大家有没有想过，这些都是可以直面的挫折，它们都需要你具有积极主动的态度。生命中随处是机遇，许多机遇就藏在一个又一个挫折之中，如果你在挫折面前气馁，你很可能会与自己的机遇擦肩而过。

积极尝试是学习最好的方法。在一个先进的公司，你不需要担心失败。在一项美国公司的首席执行官的调查中发现，他们最欣赏的就是那些主动要求做某项新工作的员工。无论是否能做好，至少这些员工比那些只会被动接受工作的员工要令人欣赏，因为他们有勇气、积极上进，而且会从中学习。

对于那些正在选择人生道路的年轻人来说，他们更应该积极地尝试不同的事情。在美国，父母经常说的一句话是："你没有试过，怎么知道自己不喜欢呢？"所以，我建议大家充分利用自己的时间，尝试做不同的事情，找到通向成功的门径。只有这样，我们才能在人生之路上邂逅更多的机遇。

　　我的积极主动的习惯是五岁开始的。记得五岁的时候，我觉得幼儿园的课程太简单了，于是就主动跟父母说："我想跳级读小学。"父母建议我还是按部就班地读书，等到有足够的能力时再去读小学。为了学到更多的知识，我大胆地提出："让我尝试一下好吗？如果我的能力不够，我就没法通过小学的入学考试；可如果我通过了考试，就表明我有这样的能力，那你们就应该让我去读小学。"父母很爽快地答应了下来。于是我努力读书，最后以高分考进了私立小学。事过三十多年，当时母亲带我去看"放榜"时，看到"李开复"三字排在榜首的那份兴奋，今天想来依然历历在目。这件事让我懂得，只要大胆尝试，积极进取，我就有机会得到我期望中的成功。这也为我日后的自信和积极奠定了坚实的基础。

　　另外一个例子来自于我的年轻朋友郭去疾。他的人生之学是：每一扇机遇之门，都有一个守门人。收获机遇的临门一脚，在于主动执著地去找这个守门人。当他从中国科技大学本科毕业时，收到了很多美国一流大学的录取通知，但是一律没有奖学金。于是，他开始给这些大学的教授们写信，希望他们能接受自己作为研究助理从而获得资助。一个月中，他写了两百封信，虽然有很多教授感兴趣，却都因为他研究经验不足而拒绝了。他还尝试写信给中国科大的海外校友，希望得到推荐，也没有结果。一天夜里，面对电脑里一封封婉拒的邮件，他一个人在黑暗的实验室里失声痛哭。然而第二天醒来，他决定继续去敲击这扇机遇之门。几天之后，他收到伊利诺伊大学的一位教授的回信，欣然答应资助。那位教授说，当他到系里索取郭去疾的材料的时候，发现系里正在准备给郭去疾寄拒信。郭去疾最后说："我的'叩门之旅'在继续着，绝大多数时候，都无功而返。然而，石沉大海却不代表徒劳无功，因为一次一次，机会之门这样被我敲开。一步一步，我得以到微软总部工作，到斯坦福大学读 MBA，到麦肯锡到亚马逊和谷歌工作的机会。"

美国人很喜欢尝试不同的工作，他们一生中平均要换四次工作。但更多的中国人不愿意换工作，而更倾向于终生做一件事。其实，换工作岗位的意义在于，你一开始做的决定并不一定是你的终生决定，你仍然有机会去尝试更多的东西，只有这样才能真正找到自己的兴趣所在，才能最大限度地发挥自己的潜力。

所以，不要因为暂时不了解自己的长处而犹疑不决，积极行动起来吧！你会发现自己的才华和天赋。大家要珍惜每一次尝试，因为机遇往往不可复制。要随时做好准备，以免机遇到来时错失良机，同时也应学会从每一个失去的机遇中吸取教训。此外，只有敢于挑战自我，你才能充分地开发自身的潜力。我建议大家经常给自己设立一些极具挑战性但绝非遥不可及的目标。

步骤五：充分准备、把握机遇

不要坐等机遇上门，因为那是消极的做法。屠格涅夫说："等待的方法有两种，一种是什么事也不做的空等；另一种是一边等一边把事情向前推动。"也就是说，在机遇还没有来临时，就应事事用心，事事尽力。

如果被苦难或挫折阻挡，我们应该学习把挫折转换成动力，而不要一遇到困境就躲在阴暗的角落里怨天尤人，更不要在需要立即行动的时候犹豫不决。人生不能用这种消极的方式度过。我们终有一天要面对自己，对自己的生命负责。因此，我们必须在平时做好充分的准备，掌握足够的信息，以便在必要时做出最好的抉择，把握住稍纵即逝的机遇。

一旦机遇到来，一定要全力以赴，把握机遇。

我在攻读博士学位时，通过自己的努力（和同学洪小文的帮助），把语音识别系统的识别率从以前的40%提高到80%，学术界对我的工作给予充分的肯定。当时，有些老师认为，只要把已有的结果加工好，写好论文，几个月之内我就可以拿到博士学位了。

但是，我很清楚，第一步的成功给我提供的只是一个机遇，而不是一个答案，因为80%的识别率绝不是最后的最佳结果，因为我用的方法只是冰山一角。而且，我已经公开发表了我的研究成果，每一个研究机构都会学习、使用我的方法，所以，如果我此时放松下来，不再做实验，埋头写论文以求尽快毕业的话，别的学校或公司很快就会超过我。

所以，我不但没有放松，反而更加抓紧时间研究攻关，甚至为此推迟了我的论文答辩时间。那时候，我每周工作七天，每天工作十六个小时。这些努力没有白费，它们让我的语音识别系统百尺竿头更进一步（识别率从 80% 提高到 96%）。在我毕业之后，这个系统多年蝉联全美语音识别系统评比的冠军。如果我当时在 80% 的水平上止步不前，随随便便就毕业的话，后来《商业周刊》颁发的"1988年最重要科技创新奖"就肯定会让别人抢走了。

所以，当你知道机遇来临的时候，要积极把握；当你尚未看到机遇的时候，要时刻准备。

步骤六：积极争取，创造机遇

当机遇尚未出现时，除了时刻准备之外，我们也应该主动为自己创造机遇，不能总是守株待兔，等着机遇上门。

记得当我在苹果公司工作时，有一段时间公司经营状况不佳，大家士气低落。这时，我看到了一个机遇：公司有许多很好的多媒体技术，但是因为没有用户界面设计领域的专家介入，这些技术无法形成简便、易用的软件产品。

于是，我写了一份题为《如何通过互动式多媒体再现苹果昔日辉煌》的报告。这份报告被送到多位副总裁手里，最后，他们决定采纳我的意见，发展简便、易用的多媒体软件，并且请我出任互动式多媒体部门的总监。

多年以后，一位当年的上司见到我，他深有感触地对我说："当时，看到你提交的报告，我们感到十分惊讶。以前，我们一直把你当作语音技术方面的专家，没想到你对公司战略的把握也这么在行。如果不是这份报告，公司很可能会错过在多媒体方面发展的机会，你不会有升任总监和副总裁的可能。今天，在 iPod 的成功里，也有不小的一部分要归功于你和你那份价值连城的报告。"

在微软公司，大家都很重视向比尔·盖茨每年四次的汇报工作成果的机会。在报告的几个月前，全球各研究院就开始提早排队，报上最得意的成果。

微软中国研究院刚成立的那一年，当几个研究项目都还没有得到最终结果的时候，我就冒险争取了六个月后向比尔汇报两个研究成果的机会。因为那时我知道很多人对中国研究院还不太了解，如果能在比尔面前成功地演示我们的研究成果，就会对研究院的发展提供很大的帮助。

当时，我知道有四个研究项目各有 60% 以上的可能性在六个月后得到好的结果，但是，我不能等到 100% 确定后再去申请。于是，我用两个措辞含糊的报告题目预订了位置。六个月后，果然有两个项目得到了非常好的结果，于是，我们修改了报告题目，十多个人飞到美国为比尔做了现场演示。那次汇报非常成功，得到了比尔高度评价。

报告的第二天，比尔对所有的公司领导说了他那句著名的话："我敢打赌你们都不知道，在微软中国研究院，我们拥有许多位世界一流的多媒体研究方面的专家。"是这句话开始建立了研究院在公司的信誉。

显然，如果我总是消极地等待，那么，我们恐怕就要错过向比尔汇报研究成果的机会了。

对大学生来说，大家应该积极地计划大学的四年，积极地争取和创造机遇。你的毕业计划将成为你学业的终点和事业的起点，你的志向和兴趣将为你提供方向和动力。你如果不知道你的志向和兴趣，应该马上做一个发掘志向和兴趣的计划；你如果不知道毕业后要做什么，应该马上制定一个尝试新领域的计划；你如果不知道自己最欠缺什么，应该马上写一份简历，找你的老师、朋友打分，看看哪里需要改进；如果你毕业后想出国读博士，你应该想想如何让自己在申请出国前有实际的研究经验和论文；如果你毕业后想到某个公司工作，那你应该找找该公司的聘请广告，和你的履历对比，看自己还欠缺什么经验……只要做到了这些，你就不难发现，自己每天都会比前一天离成功更近一些。

步骤七：积极地推销自己

在全球化和信息化的时代里，那些能够积极推销自我的人更容易脱颖而出。

很多在美国工作多年的中国人对美国同事的印象是这样的："他们怎么这么能说？他们充分地表达了自己的工作成绩，而中国同事在很多时候做得很好，却没有展现出来，这不能不说是一个遗憾。"

在公司里，经常得到晋升机会的人，大多是能够积极推销和表达自己的、有进取心的人。当他们还是公司的一名普通员工时，只要和公司利益或者团队利益相关的事情，他们就会不遗余力地发表自己的见解、贡献自己的主张，帮助公司制定工作计划；在完成本职工作后，他们总能协助其他人尽快完成工作；他们常常鼓励自己和同伴，提高整个队伍的士气；这些人总是以事为本、以事为先——他们都是最积极主动的人。

要想把握住转瞬即逝的机会，就必须学会说服他人，向别人推销自己、展示自己的观点。一般来说，一个好的自我推销策略可以让自己的人生和事业锦上添花。好的自我推销者会主动寻找每一个机会，让老板或老师知道自己的业绩、能力和功劳。当然，在展示自己时，不要贬低别人，更不可以忘记团队精神。

当我被微软总部调回美国，在美国启动总部把工作外包给中国合作伙伴的工作时，我一直在考虑如何把这项极为重要但又缺乏资源的项目做好。

这时，我很意外地收到了一封毛遂自荐的信。这封信来自一位在微软技术支持中心工作的经理。她在信中说："虽然我没有这方面的经验，但是我曾在多个部门工作，而且学习很快。我愿意用我自己的时间帮你把这件事情做好。我不需要酬劳，我也不是申请工作，我只是希望为中国做点事情。你选择我没有风险，因为我至少可以把每个细节都帮你想清楚，这样可以节约你的时间。"

如果不是这封信和后来的交谈，我怎么也不会想到，把这个工作交给一位业余而又没有相关经验的人来做。事实证明，我的选择是对的。她没有辜负我的期望，把这件事情做得非常好。因为她起头的工作，微软后来三年中提供给中国的外包业务量增加了三倍。几个月后，当我们终于成立了一个部门来负责这件事情时，她毫无怨言地把所有的工作交给了这个新部门。

后来，微软亚洲研究院有一个很好的工作机会，沈向洋院长要我推荐人选，我想到了这位多才多艺的志愿者。她就是今天微软亚洲研究院高校合作部总监宋罗兰。

有些人可能会认为："要求我们展示自己，这是不是要我从一个内向的人彻底转变为外向的人？"其实，一个内向的人很难彻底地改变自己的性格。所以，我建议大家可以在自身性格允许的范围内往"外向"靠拢，尽量寻找一些"比较外向但又不给自己带来太大压力"的机会。

我的选择；你的选择

2005 年 7 月 19 日，我离开了微软，加入了谷歌。我在过去的那几年中，一直希望回到中国。我有选择的权利。于是，我选择了中国。

有记者问我说，这个选择给我带来不少麻烦，我会不会后悔。我的回答是："直到我死的那一天，我也要做我有激情的事情。对这个决定，无论给我带来多大的困扰和麻烦，我终生不悔。"

在人生的旅途中，你是你自己唯一的司机，千万不要让别人驾驶你的生命之车。你要稳稳地坐在司机的位置上，决定自己何时要停、要倒车、要转弯、要加速、要刹车等等。人生的旅途十分短暂，你应该珍惜自己所拥有的选择和决策的权利，虽然可以参考别人的意见，但千万不要随波逐流。

只有积极主动的人才能在瞬息万变的竞争环境中赢得成功，只有善于展示自己的人才能在工作中获得真正的机会。

最后，我将下面一段话赠给中国的学生：

你们的时间有限，所以不要浪费时间活在别人的生活里。

不要被信条所惑——盲从信条是活在别人的生活里。

不要让任何人的意见淹没了你内在的心声。

最重要的，拥有跟随内心和直觉的勇气。

你的内心与直觉知道你真正想成为什么样的人。

任何其他事物都是次要的。

史蒂夫·乔布斯

2005 年斯坦福大学毕业典礼

给青年学生的第六封信

——选择的智慧

引　言

　　《做最好的自己》一书为青年学生们提供了一个可供参考和借鉴的，包含了价值观、态度和行为等三个层面的理论模型——"成功同心圆"。如果仅就"成功同心圆"中的每种态度或每种行为来说，我们其实很容易总结出许多明确的可执行的理念、原则或方法，青年学生们也不难掌握。但在实际生活和工作中，我们面临的环境却往往是复杂和多变的，我们需要做出的选择也多半不会像"是"或"非"那样简单。在大多数情况下，我们需要在多种要素的相互作用中选择最适合当时情景的解决方案。这时，在任何一个方向上的偏激或对任何一个重要影响因素的忽略都是不明智的。以我和青年学生们的交流经验看来，许多中国学生缺少的恰恰是这种在复杂情况下做出理性判断和选择的能力。例如，许多学生不止一次地询问我与选择相关的问题，他们不知道该在何时表现得积极，何时表现得谦逊，他们不清楚该如何处理勇气和胸怀之间的对立统一关系，也不太确定自信和自省这两种看似矛盾的态度是否可以共存……

我觉得，对于青年学生来说，最重要的不是具体的准则或方法，而是在复杂情况下权衡各种影响因素，并以最为智慧的方式做出正确抉择的能力。我把这种能力称为"选择的智慧"，它的思想核心其实就是中国传统文化中传承了两千多年的"中庸"之道。据此，我把自己对分析、判断、权衡、折中等与选择相关的思考写成了全书的最后一章"完整与均衡——用智慧选择成功"。应当说，这一章是全书的总结和升华，也是指导读者合理运用"成功同心圆"法则的关键所在。

该书问世后，读者对这一章的反响非常好。《大学生》杂志社的社长钟岩女士告诉我说，这一章在全书中"最为精彩"。她热情地邀请我以这一章的内容为基础，在《大学生》杂志社办的"中国大学生国际讲坛"中发表演讲。最终，我在全国三十余所大学的校园中发表了题为"选择的智慧"的演讲，超过七万名学生听了我的现场演讲，在每一次演讲中，学生们超乎寻常的热情总是让我无比激动，我也为自己可以通过这样的方式帮助中国大学生而倍感欣慰。

为了让更多的青年学生了解和掌握"选择的智慧"，我专门将演讲的内容与书中"完整与均衡"一章整理、合并起来，写成了《给青年学生的第六封信》。我相信这封信可以为青年朋友们提供一些有关成功与选择的有益帮助。

人生就是一串困难的选择，是一个不断选择的过程。当我们走过人生的旅程，身后留下来的就是我们选择的结果。如果选择的好，我们会感到快乐和成功，会觉得自己对世界、对他人产生了正面的影响。

当我个人碰到人生重要的选择时，我一直信奉以下的做事三原则：

有勇气来改变可以改变的事情，有胸怀来接受不可改变的事情，有智慧来分辨两者的不同。

多少年来，这句话给了我无比巨大的支持和鼓励，帮助我渡过了难以计数的人生关隘。在与中国青年分享这三句话后，有位同学针对这三句话，写信问我：

"读了开复老师的三句话，心里感到很强的共鸣。

"'有勇气来改变可以改变的事情'代表了用积极进取的心态，以永不放弃、永不消沉的主动人生态度，鼓励我们靠自己的努力达到目的。

"'有胸怀来接受不可改变的事情'代表了用谦恭谨让的度量来培养自己的修养，学会承认和接受真实的、不完美甚至不公正的世界。

"但是我不知道最后一句该如何理解。'有智慧来分辨两者的不同'，可是，智慧从哪里来呢？"

其实，"有智慧来分辨两者的不同"就是要求我们使用自己的智慧，主动发现并选择最完整、最均衡的状态，并通过这一选择获得成功。

这里所说的"智慧"，既是甄别、判断的智慧，也是权衡、折中的智慧，但从根本上讲，它更是在选择中孕育又在选择中升华的最高智慧——我也把它称作"选择成功"的智慧。

在这选择的世纪中，青年学生需要选择的智慧

著名管理学家彼得·德鲁克曾说，21世纪是一个选择的世纪，因为未来的历史学家如果回顾今天，他们会记得的今天最大的改革并不是技术方面或网络方面的革新，而是人类将拥有选择的权利。他说这句话是因为在今天的信息社会里，人人都能获取信息，学习知识，靠脑力上进，而且越来越多的企业会更多地放权给员工，重视积极选择的员工。人人都有机会，那么成功就更要靠各人积极地争取和智慧地选择。

这是一个令人振奋的时代，在这样的一个大环境中，每个人都面对着选择的机会，都拥有选择的权利。尤其在中国，这个选择的时代是更难能可贵的。回顾中国的近百年历史，可以说，今天的中国青年学生是百年来第一次有机会享受先进的教育，同时也不必担心生活、安全和温饱问题，他们第一次能够通过互联网获取世界各地的信息，第一次在毕业后拥有如此众多的、可以自主选择的就业机会。

但是，中国的青年学生虽然有幸出生在能够自由选择的时代，但时代并没有传授他们选择的智慧。

在此前与大学生的书信交流及创办"开复学生网"的过程中，我看到有很多学生虽然拥有选择的权利，虽然生活在这样优越的大环境中，但仍然有许多学生时常遇到迷茫的时刻。例如，经常有学生问我有关如何进行选择的问题："我被老师批评了，但我觉得无辜，那么，我应该用自信的态度为自己辩解，还是用自省的态度坦然接受？""我想改变现状，但又力不从心，我应该鼓起勇气冲破险阻，还是放宽胸怀承认现实？""我遭受了失败的打击，应该用毅力坚持下去，还是用自省的态度放弃它？""我想发表自己的意见，但可能招来非议，我应该积极表达想法，还是该遵循同理心的原则多听少讲？"提出这些问题的学生都希望我来帮助他们做出选择。面对这些问题，我的回答是："我能帮你做的不是选择，因为自身的问题只有自己最清楚，自己的未来也只有自己最在意。"

我能做的只是传授给你选择的智慧，帮你聆听自己心底里最真实的声音，帮助你做出智慧的选择。

在这封信中，我提出选择成功的智慧共有八种：

用中庸拒绝极端

用理智分析情景

用务实发挥影响

用冷静掌控抉择

用自觉端正态度

用学习积累经验

用勇气放弃包袱

用真心追随智慧

用中庸拒绝极端

"中庸"是儒家思想的精华,《中庸》也是千年国学的经典。很遗憾的是,许多人并不理解中庸真正的内涵,误以为中庸就是做庸庸碌碌的老实人。其实,中庸告诉我们的最重要的一点,就是要避免并拒绝极端和片面。

比如说,在我的第五封信中提出最重要的积极主动,如果做到了极端,就变成了霸道,喜欢对别人颐指气使,横行跋扈。在我的第二封信中提出与人相处最重要的同理心,如果做到了极端,就变成了盲从,失去了自己的选择,什么事都没有主见。极端的自信就成了自傲,极端的勇气就成了愚勇,极端的胸怀就是懦弱,极端的自省就会变成自卑。

自信、自省、勇气、胸怀、积极、同理心六种态度都是成功的必备要素,也都是成功者需要具备的优点。但是,一旦将其中某一种态度发展到极端,优点就会立刻演变为缺点。下面的图显示的就是这六种成功者必需的态度,和它们发展到极端的后果:

如下图所示,内圈代表完整、均衡的状态,外圈代表极端、片面的行为。第一个智慧的真谛就是:我们必须用中庸的思想指导自己,

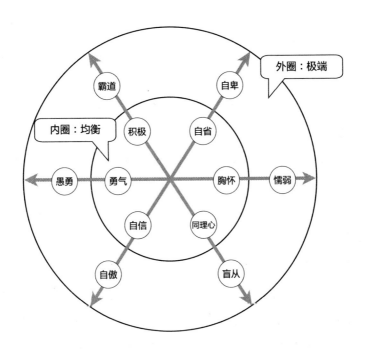

把自己的态度限制在完整、均衡的范畴内，兼顾自信和自省、勇气和胸怀、积极和同理心等各方面因素，时刻防止自己在其中某一方面有过于偏激的表现。

我看到过一个负面极端的例子：有位企业管理者建议员工读一读拿破仑传记中的一则小故事。那则故事的大意是，拿破仑小时候常和同学打架，但总是输给对方。他下定决心，即便被打死也不服输，并采用非常规和"自杀式"的袭击与对手较量。结果，这种"拼命"精神终于使对方屈服了。这位企业管理者教导他的员工向拿破仑学习。在我看来，这是一种典型的极端。在拿破仑的这则故事里，我看到的不是一个勇敢的英雄，而是一个自大、固执、不自量力的家伙。虽然我不是历史学家，但我很清楚，这样的事例绝对不值得学习。

另外我曾经亲身经历的一个极端的测验：公司在培训课程中，让十个副总裁围成一圈，一个半小时内可以畅所欲言，唯独不可以讲公司的事情。于是，大家开始谈论天气、政治、体育……其间还出现了争执。在热烈的交谈中，时间不知不觉就过去了。一个半小时后，每个副总裁都按自己心目中对其他副总裁的尊敬程度，为他们排一个序，并把自己安插在合适的位置。排序后我们发现，倒数第一的是从头到尾没有讲话的人，倒数第二是话最多的人。不说话的人可能有想法，但没有表达出来，那么别人就会认为他没有意见。相反，话太多的人可能有一部分话很有意义，但也讲了许多不该讲的话，这使他无法得到大家的好评。

所以，沉默是金和口无遮拦都不可取，那么我们怎么达到"中庸式的智慧沟通"呢？这让我想起了另一个故事：记得我刚进入苹果公司开始我的第一份工作时，公司里有一位经理叫西恩，大家都知道他是一个非常有才华的人，尤其在开会的时候，他得体的言辞完美地展现出他过人的才学、情商与口才，足以让在场的所有人钦佩不已。有一天，我鼓足勇气去向西恩讨教有效沟通的秘诀。西恩说："我的秘诀其实很简单，我并不总是抢着发言；当我不懂或不确定时，我的嘴闭得紧紧的；但是，当我有好的意见时，我绝不错过良机——如果不让我发言，我就不让会议结束。"我问他："如果别人都抢着讲话，你怎么发言呢？"西恩说："我会先用肢体语言告诉别人，下一个该轮到我发言啦！例如，我会举起手，发出特殊的声响（如清嗓子声），或者用目光要求主持人让我发言。但是，如果其他人的确霸占了所有的发言机会，我就等发言人调整呼吸时，迅速接上话头。"我又问他："如果你懂得不多，但是别人向你咨询呢？"西恩说："我会先看看有没有比我懂得更多的人帮我回答。如果有，我会巧妙地把回答的机会'让'给他；如果没有，我会说'我不知道，但是我会去查'，等会开完后，我一定去把问题查清楚。"听他的一席话让我学到了很多东西——只要把握好说话的度，选择好说话的时机，就可以得到周围人的尊敬，而且，别人也会从你的话语中了解到你是一个渊博而谦逊的人。

讲了这么多例子，其实就是想告诉大家，无论是在生活还是工作中，我们都应当竭力避免极端，保持均衡的状态，走中庸之路。

用理智分析情景

中庸之道不但强调守诚中道，也要求我们择善而从。

在面临选择时，我们先用第一个智慧避免走向极端的陷阱，然后用第二个智慧在复杂、多变的环境中，审慎而冷静地选择最好的解决方案。用前面的图来看，第一个智慧让我们避免了外面的圈，第二个智慧则是告诉我们内圈中没有一定的答案，而应该运用理智根据情景做最佳的抉择。这两者的结合其实才是中庸的真谛。所以中庸并不是取中绝对的"中点"，而只要你保持在内圈，根据情景抉择，都是符合中庸和这两个智慧的。从另一个角度说，大家不应当认为有关成功的六种态度是非此即彼的对立关系，既不要片面强调某一种态度，也不要片面强调两种态度之间的"中点"。

记得曾有一位青年问我："我不同意我的老板，我该站起来发言吗？"

当时，我的回答是："这要看情形而定。首先，你的老板是一个愿意接纳异议的人吗？如果不是，那么你千万不要乱发言，但是，你可以开始物色一个新工作和新老板了！如果他能够接受异议，那么，在老板还没做出最后的决定时，不要怕提出异议；但同时也要考虑到，如果是当众发言，自己的话就必须有一定的技巧，应当顾虑到老板的面子。老板一旦做出了决定，我们无论有无异议，都必须支持和贯彻，有不同意的地方只可以私下与老板沟通。"

在这样一个具体的例子里，我们必须学会用智慧甄别各种复杂的情况，并从不同候选方案中择善而从的方法，这样才能找到提出异议的最佳途径。这个例子中的选择过程也可以用计算机流程图直观地表示出来：

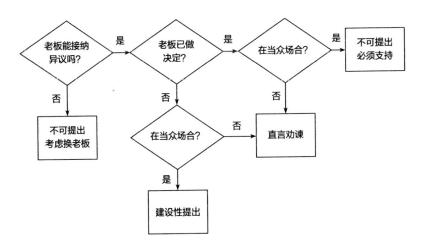

另一方面，我们可以看到领导艺术也同样需要择善而从。许多人误以为，好的领导都有完全相同的风格，例如指挥命令、宏观掌控、和谐合作、民主自由、授权负责、指导培养。

其实，在著名的管理学著作《有效率的领导》（*Leadership that Gets Results*）一书中，作者丹尼尔·戈德曼提出：最好的领导能够完整地拥有上述的六种看起来相互矛盾的领导力，并会有智慧地因具体情景不同而运用正确的一种。这种"完整＋均衡"的观点和本章论述的理念是完全一致的。

根据戈德曼的分析，一个出色领导总是拥有上述的六种领导力，并且会理智地分析当前的情景，以便决定运用其中的哪一种。例如，假设员工表现不佳或员工是新手，在公司遇到重大危机时，对员工就应该采用指挥、命令的方式；如果企业需要改变方向，或员工因为不理解方向而士气不高，而你又是一个值得信任的领导者，那就应该采用宏观掌控的方法；如果你发现员工对工作得心应手，部门协调没有问题，那就应该注重和谐合作；当你发现员工知识渊博，或你对结果不确定的时候，就应该选择民主自由的方式；如果员工能力很高又是专家，或具备了积极自主的态度，就应该采用授权负责的方式；如果员工很有动力，愿意把工作做好，但是经验不足，同时企业并没有处于危机时刻，那应该尽量指导培养。最好的领导是拥有这六种看起来相互矛盾的领导力，并且用智慧根据不同的情景正确选择的人。

人生中的绝大多数选择都不是非黑即白、非此即彼的事情。大家要学会在最合适的时候对最合适的人用最合适的方法，要学会在做出决定前用理智全面衡量各种因素的利弊以及自己的能力和倾向。这些东西并不能靠简单的公式来决定。读者应该凭借自己的智慧，选择最适合自己的成功之路。

用务实发挥影响

选择完整与均衡时，你必须首先弄清楚，你面临的事情是你能够影响到的，还是你根本无力改变的。史蒂芬·柯维在其所著的《高效能人士的七个习惯》一书中，把所有值得关注的事情称为"关注圈"，把能够发挥影响的事情称为"影响圈"。

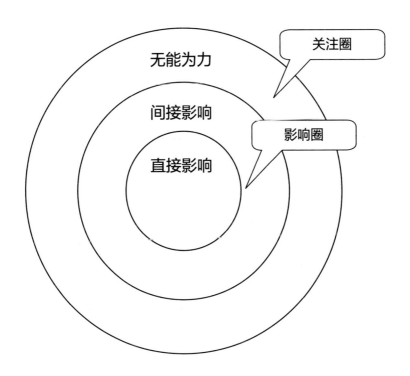

在整个关注圈中，根据自主程度的高低，人生面临的问题可分为三类：

1.可直接影响的问题：对于这种问题，解决之道在于用正确的态度执行。这是我们绝对做得到的，也是最核心的"影响圈"。

2.可间接影响的问题：有赖改进发挥影响力的方法来加以解决，如借助人际关系、团队合作和沟通能力来解决。这是最值得我们努力争取的"影响圈"。

3.无能为力的问题：需要以平和的态度和胸怀，接纳这些问题。纵使有再多不满，也要泰然处之，如此才不至于让问题征服了我们。

无论碰到任何问题，如果你认为"外在环境是造成问题的症结所在"，或者总是在埋怨"我真的无能为力"，那么，这种想法不但无补于事，而且会造成你消极悲观的心理状态。

事实上，碰到问题时，你只要耐心地将它分解开，看看哪些部分是你可以影响的，哪些部分是你可以关注但却无法影响的。然后，去努力争取那些可以"间接影响"的问题，让它们变成可"直接影响"的，同时把全部心力投入自己的影响圈——你可以在这样的过程中不断获得进步，这反过来又可以让你进一步扩大自己的影响圈。

所以，不管一个问题属于上述三种中的哪一种，解决问题的第一步都要从自己的影响圈开始：先影响自己，再影响别人，最后才有可能影响环境。

这个方法为"有勇气来改变可以改变的事情，有胸怀来接受不可改变的事情，有智慧来分辨两者的不同"这三句话增加了足够的可操作性。

有一位学生曾问我说："开复老师，今年我刚刚上大一。我为学校做了许多事，也得到了老师的肯定。但最近我却很是烦恼。此前，因为我看不惯某某同学的做法，在背后说了一些气话。有一次，他竟利用学生会干部的职权，在领导面前为我捏造了许多罪名。因为他和领导的关系很好，领导在没有调查落实的情况下就处分了我，把我入党积极分子的资格也取消了。我特别气愤，为什么领导连调查都不调查就处理我呢？我真的没有犯错误。难道真的应该这样吗？"

　　我的回答是："这件事确实很不幸，但是既然已经发生了，你只有接受后果。我劝你少想想这件事有多么不公平，因为这些都是已经发生的事情，你无法影响，也不能改变。我劝你多想想，有什么事情是你可以影响和改变的。例如，你有没有想过，如果当初你没有在背后说他的坏话，是不是这一切都可以避免？我并不是说别人做的都是对的，但是，你只能修正自己，不能修正别人。你必须清楚要如何修正自己才能够避免这样的问题再次发生。如果时光能够倒流，你会做得更好一些吗？你是会控制自己的情绪，还是会改掉背后说人坏话的毛病？你有没有听过'我怎样对待别人，别人就怎样对待我'这句话？如果你不在背后批评别人，很可能别人也不会在背后中伤你。有句谚语说：'虽然我们不能改变风，但我们可以调整船帆。'希望你能在生活和工作中认清楚自己的船帆在哪里。人在挫折中学到的东西会远远多于在成功中学到的。希望你在经过这一次不幸后能够成为一个更成熟、更成功的人。"

　　我在刚加入谷歌时，也因为被卷入法律纠纷，而学会了"用务实发挥影响"。当时，我离职的事实公布后，许多媒体因为被误导，以为我的离职违背了合约，就发表了一些不合事实的言论，甚至更有许多子虚乌有的控诉、恶意杜撰的故事传遍了中国的互联网。那时，多亏我的律师朋友提醒我：对于媒体的报道，我们是无能为力的，因为在官司漩涡中，我个人不能出面解释，否则不但越描越黑，而且可能给对方提供更多材料。法官的决定则是我可以间接影响的，我们一定要努力打一场漂亮仗。至于可直接影响的方面则是我可以广搜证据、找寻证人、理解法律、准备对质时证实对方谎言的证据。于是，在两个月的时间里，我不再订阅报纸，不再上新闻网站，不再被流言蜚语所惑。我一天花十六个小时苦读法律，在对方提出的近三十万份文件中用最新的搜索工具找到我们需要的文件，和律师一同起草我们的答辩状，一次又一次地做出庭排练。九月出庭时，我们果然获得胜利，法官允许我开始在谷歌的工作。在我们的庆功宴上，一位律师在向我敬酒时说我不像个被告，而更像个职业的律师，甚至估计我的价值相当于两个律师。在事后，他问我为何如此镇定地每天埋头看文件，难道对外面风雨交加的媒体报道都不在乎吗？我告诉他："不是我不在乎，而是我不想浪费时间在那些我无能为力的事情上。"而最值得一提的是，当我回到中国开始工作后，我没有花任何精力试图引导或改变媒体，媒体的报道却自然而然地完全转变成为正面报道——因为事实胜于雄辩，我开始工作的事实战胜了任何一篇负面文章。从这个例子我们可以看到：专注于你能够改变的事情，最后可能连当初不能改变的事情也改变了。

用冷静掌控抉择

人生就是一场不断抉择的游戏，有风雨也有阳光。这其中最重要的是，我们要用冷静的态度掌控每一次抉择的全过程：

在抉择前"重重"思考，抉择后"轻轻"放下。

所谓"重重"思考，就是要培养客观的、精准的判断力。每一个重要的抉择可能都与你自己的前途密切相关，但你在抉择和判断时，一定要避免先入为主的思维定式，要避免自己的主观倾向影响判断的精准和客观。

那么，我们该如何做出客观、精准的抉择呢？我给大家提供三个建议：

第一，把影响你抉择的因素罗列成一张"利弊对照表"。

在利弊对照表中写出每个因素的利益和弊端，然后借助该表客观地分析，哪些利益和弊端对你来说最为重要？这些因素是否符合你的价值观和理想？当你面前摆了这样一张客观而详尽的利弊对照表时，主观因素就不容易影响你的判断力了。

例如，1998 年时，我面前有两条道路可供选择：回中国建立研究院，在美国创业办公司。当我问到许多朋友，有没有愿意和我一块儿回中国时，他们每一个人都说："当然不愿意，只有中国聪明的人到美国，哪有美国聪明的人回到中国？"如果我是个容易被影响，不冷静客观的人，当时可能就决定不回中国了。为了更客观地判断哪一条道路最符合我的价值观和理想，我列出了一张利弊对照表：

回中国工作		在美国创业	
利	弊	利	弊
影响中国青年的机会	朋友不看好中国	拥有自己的公司	我没有"创业"欲望
实现父亲的遗愿	降低职位、薪水	不必听人指使	风险投资的压力
最好的研究环境	搬家的麻烦	可能获大笔财富	有倒闭的风险
有长期承诺的公司	没有中国经验关系	不必搬家	工作时间很长

借助这样一份利弊对照表，我很快就做出了客观而明智的决定——回中国工作。因为综合考虑各种利弊因素后，回中国工作最能发挥我自身的特长，也最符合我个人的价值观和理想。

第二，学会用概率论的方法看问题。

在大多数情况下，我们都没有必要认为，某种选择的成功概率一定是100%或0%。反之，我们应当学会分析一件事情"可改变的概率"或"可能发生的概率"。对于发生概率小的事情，在做之前一定要有失败的心理准备；另一方面，也不要等到事情成功的概率达到100%时才去做，因为即便做成了这种事情，也没有什么值得骄傲的。

做概率分析时，可以列出"最好的可能"和"最坏的打算"，以帮助自己综合考量。例如，上面提到的"回中国建立研究院"的工作，我有100%的把握，可以把研究院办得与其他任何公司在中国建立的研究院一样好——这是最坏的打算；我有40%的把握，可以做出世界一流的研究机构来——这是最好的可能。用这样的方法考虑到两个极端后，我马上就会明白，即便出现最坏的情况，我和公司也可以坦然接受。因此，我选择回中国工作就成了一件顺理成章的事。

当然，许多抉择并没有这么好的"后路"，在这种时候，我们既要谨慎地评估风险因素，也要在适当的时候有勇气挑战自己。美国前国务卿鲍威尔曾在阐述"领导力"时指出："当你自估的成功概率达到40%~70%，你就该去做这件事了。也许你会失败，但拖延或等待的代价往往是更大的。"

第三，当自己不确定时，学会谋之于众。

多征求别人的意见总是好的。那些更有经验的人可以用他们多年的积累为我们指引方向，那些聪明绝顶的人可以用他们的智商启发我们的思路，那些懂得人际关系的人可以用他们的情商帮助我们有效沟通……

当你询问他人意见时，可以随身携带上面提到的"利弊对照表"，与对方一起分析、讨论，这样一方面可以节省他人的时间，另一方面也可以避免你的主观描述影响他人。当然，你也必须明白，最终的决定权在你自己，即便你采纳了别人的意见，你也不可以就此将责任推卸给他人。

所谓"轻轻"放下，就是说我们在做出抉择后，应当坦然面对可能发生的任何结果，既不要因为抉择正确而欣喜若狂，也不要因为抉择失误而悔恨终生。

例如，有的人因为对自己缺乏信心，每次刚做出决定，就立即紧张起来，不知道自己的选择会导致怎样的结果；有的人非常喜欢吃"后悔药"，他们事先不通盘考虑，事后却追悔莫及；还有的人过于敏感，本来自己做出的是客观、公正的抉择，但事后听到别人的议论就摇摆不定起来……

其实，无论你的抉择正确与否，无论它的结果如何，已经做出的决定就无法收回了，你只有坦然接受它，或者在今后想办法补救。对于已经发生的事情，或者自己已经无法控制的事情，任何担忧或悔恨都是多余的。与其把时间花在无谓的焦虑上，倒不如把这些东西"轻轻"放下，然后一身轻松地去做自己应该做的事。

在微软公司的某个部门里，有一位霸道的经理 J，他刚加入公司就拿下属开刀，总是找些莫须有的罪名遣散一些能干的职员，以便把队伍换成"自己人"。

当时，J 部门里那些可怜的下属常常来向我求救。有一位名叫 S 的下属在收到 J 的处分后向我表明，他可以用证据证明自己没有做错任何事。于是，我帮 S 上诉到 J 的老板那里，在铁证之下，S 得到了一个新的工作。

但另一个下属 D 的境遇就完全不同了，他的处境非常艰难，因为 J 在 D 的计算机里埋下了伪证，然后以受贿为理由解雇了他。我曾多次与 D 沟通，相信他是被冤枉的。但在证据之下，我无法为他申冤。

尤其是，我当时刚加入公司不久，还没有足够的职权和信誉来干涉别的部门的事情。经过"重重"的分析，我决定不向任何人提起 D 的事情，只是看着他一身委屈地离开公司。

事后，有朋友问我："你难道不会因为自己无法给 S 和 D 争取同样的待遇而懊恼吗？"我回答说："虽然我对无法挽救 D 感到万分遗憾，但我必须看清楚，什么事是我无能为力的。而且，既然已经决定不能帮助他，我就只有'轻轻'地放下这件事，多想无益。我应该把精力放在我的工作中，这样，也许有一天，我就可以有足够的职权和信誉来帮助其他人。"

让人欣慰的是，多年以后，J 被公司解职，S 和 D 则都在新的岗位取得了骄人的成绩。

用自觉端正态度

中国人常说，"人贵有自知之明"。这实际上是说，社会生活中的每个人都应当对自己的素质、潜能、特长、缺陷、经验等各种基本能力有一个清醒的认识，对自己在社会工作生活中可能扮演的角色有一个明确的定位。心理学上把这种有自知之明的能力称为"自觉"，这通常包括察觉自己的情绪对言行的影响，了解并正确评估自己的资质、能力与局限，相信自己的价值和能力等几个方面。

有自觉的人能够针对自己做出最具有智慧的选择，选择做自己能够胜任的工作，选择做能够得到满足感的工作等等。要做一个自觉的人，既不会对自己的能力判断过高，也不会轻易低估自己的潜能。对自己判断过高的人往往容易浮躁、冒进，不善于和他人合作，在事业遭到挫折时心理落差较大，难以平静对待客观事实；低估了自己潜能的人，则会在工作中畏首畏尾、踟蹰不前，没有承担责任和肩负重担的勇气，也没有主动请缨的积极性。无论是上述哪一种情况，个人的潜力都不能得到充分的发挥，个人事业也不可能取得最大的成功。

我曾有一个下属，属于"自觉力"明显不足的那种人。他虽然有些才干，但自视甚高，总是对自己目前的职位不满意，还喜欢随时随地自吹自擂。在他的自我评估里写道："虽然我非常谦虚，但我只能这样评价自己：我的表现是有史以来最卓越的。"当我看到这样一句自我评语时，我就知道这个人不会有什么好的发展，因为他缺乏最起码的自觉。果然，他不久就提出，我不了解他的才华，不能重用他，他决定到其他部门另谋高就。但他最终发现，自己不但找不到更好的工作，公司里的同事也都认为他缺少自知之明。最后，他沮丧地离开了公司。接替他职位的人，是一个能力很强，而且很谦虚的人。虽然这个人在上一个职位工作时不很成功，但他明白那是因为自己升迁太快、没有做好充分的准备，于是，他愿意自降一级来做这份工作，以便打好基础。他后来的确做得很出色。

有自觉的人在工作遇到挫折的时候不会轻言失败，在工作取得成绩时也不会沾沾自喜。认识自我，准确定位自我价值的能力不仅仅可以帮助个人找到自己合适的空间及发展方向，也可以帮助企业建立起各司其职、协同工作的优秀团队。有自觉的人的抉择让他人更愿意信任。

自觉对于管理现代企业来说也非常重要。在公司里，管理者在衡量某个员工的工作绩效时，如果发觉该员工做得不好，就会马上提出这样的问题："那名员工有没有足够的自觉？他是否意识到自己的不足之处？他是否愿意改进？"如果问题的答案是否定的，那么，管理者就不用再有任何的犹豫，可以直接把他调离工作岗位；反之，如果答案是肯定的，管理者通常都会再给员工一个机会，让他证明自己。

在"开复学生网"上，一位来自中国科技大学的学生提出"自觉是大学生必备的素质"。他说："之所以提出这样的观点，这主要来自我在校园生活中的一些体会。现在的在校学生，有多少人能真正认识自己？一年多来，因为我在学校某社团做组织工作，可以接触到许多不同类型的学生。让我很难过的是，几乎很少有人清楚，自己在哪些方面很出色，自己对什么方向感兴趣。特别是当学校的学制从五年改成四年以后，我发现很多大一新生一入校就开始准备考研、出国，两眼紧盯着 GPA。这个时候，考研、出国、GPA 不再是进一步深造的手段，而变成了很多人追求的唯一目标。深入了解自己并不难。事实上，很多人只是从来没有考虑过要了解自己。确定计划和原则时，必须完全基于对自己的了解。最关键的是，一定要清楚自己对什么事情最感兴趣。制定了一个计划以后，也许随着时间的推移，会有某种程度上的修改，但始终要明确自己的大方向。所以我觉得更难的一点是，能经常以旁观者的目光审视自己，看一下自己哪方面做得好，需要保持；哪方面做得差，需要更加努力；哪方面走入了歧途，需要改正。"

用学习积累经验

西方有一则寓言，说的是一个年轻人向一个年长的智者请教智慧的秘诀。年轻人问："智慧从哪里来？"智者说："正确的选择。"年轻人又问："正确的选择从哪里来？"智者说："经验。"年轻人进一步追问："经验从哪里来？"智者说："错误的选择。"

这位智者的意思是说，每个人最初都很难做出正确的选择，但在一次又一次的错误选择中，如果能吸取足够的经验教训，他就能逐渐学会正确的选择方法，他也就自然成为一个有智慧的人。回顾我的一生，我可以很确信地说：我从失败中学习到的要远远超过我从成功中学习到的。所以，不要畏惧失败。每一个失败不是惩罚，而是一个学习的经验。

学习经验不是一蹴而就的事情，有时候要经历漫长的过程。英文中有一句名言："旅途本身就是收获。(The journey is the reward.)"很多时候，你的收获并不一定是每件事的成功，而是你在走向成功的旅途中经历的一切。旅途中每一次正确的或是错误的选择都会让你学到新的知识、获取新的教训，并以此调整自己的自觉，掌握正确的选择方法。

我曾经遇到这样一件事情。当我从中国回到微软总部后，发现自己刚接管的部门内有一个项目存在方向上的偏差——开发团队并没有把用户摆在第一位，而只知道研究一些看上去很"酷"的技术——就毅然终止了该项目的研发。当时，有位员工问我："你怎么能够确定你自己的选择是对的？像 Windows 这样的产品也是在经历了十年左右的市场检验后才站稳脚跟的。你凭什么笃定这个项目不会在未来收获惊喜呢？"

其实，我之所以能够快速做出抉择，主要还是因为我在此前的工作中已经有了类似的教训。

此前，我曾经在 SGI 公司领导两百余人的团队研发一套世界最先进的三维漫步技术。这套技术能在十年前的硬件上营造出美丽的三维效果。但在做这个项目时，我们完全没有考虑用户和市场的需要，开发出来的三维体验并没有针对某一个特定的客户群，而是想解决所有客户的问题。结果，最终的产品无法利用 SGI 现有的营销渠道，产品对硬件及网络的要求也超出了普通用户的承受能力，我们这个项目最终被取消，技术被公司出售。

这件事对我的打击非常大，因为我手下的两百余人都需要寻找新的出路，有的人甚至因此而失业。我的内心深感愧疚。但另一方面，我也从惨痛的教训中吸取了足够的经验，这让我深深懂得，创新固然重要，但有用的创新更重要。正是基于这样的选择，我才果断地取消了微软那个犯有类似错误的项目。

在整个学习的过程中，无论是错误的选择，还是失败的经历，它们都可以成为印刻在我们心底，能够随时拿出来比较、借鉴的"模板"（Template）。当我们面临新的抉择时，我们就会使用过去积累的"模板"来比较、分析各种不同情况下成功的概率，以权衡利弊，做出正确的抉择。

用勇气放弃包袱

当新的机会摆在面前的时候，敢于放弃已经获得的一切，这需要相当大的勇气。有时，你在还没有找到"新的机会"之前，就必须放弃你已经拥有的东西，那就需要更多的勇气了。

许多人都有的一个习惯就是不愿放弃已有的东西，不愿意开拓新的天地。这些人总是在机会面前犹豫、彷徨，让患得患失的思想禁锢着自己的头脑。其实，有些东西看起来值得珍惜，但这种眼前的利益往往是阻碍你获得更大成功的根源。当新的机会到来时，勇于放弃已经获得的东西并不是功亏一篑，更不是半途而废，这是为了谋求新的发展空间。如果你在适当的时候勇敢地——当然也应该是有智慧地——放弃已经拥有但可能成为前进障碍的东西，你多半会惊讶地发现，自己抛开的不过是一把虽能遮风挡雨，但又会阻碍视线的雨伞，自己因此而看到的却是无比广阔、无比壮丽的江山图景！

我自己就有过几次"勇于放弃"的经历。

进入大学的时候，我踌躇满志地进入了法律系，因为我天真地认为自己有很高的政治天赋。所以，大学选专业时，我选读了人文学院，我觉得自己将来一定要做一位律师或一位政治家。不料，情形完全不像我想的那样。我觉得，自己在专业课上提不起精神，成绩也不好，最令人沮丧的是，我感觉不到激情和动力，甚至想把枯燥无味的课本扔到教授身上。我在这个领域没有什么出众之处，既没有那种炽烈的爱，更没有献身的欲望。最终，我认定那不是一个适合我的行业，于是我决定放弃政治和法律专业的学习。很幸运的是，学校允许学生转系，而且，我当时已经找到了自己的最爱——计算机科学。我并不因为已经花费了一年的时间而懊悔。我认识到，那不是我想从事的事业，我没有在那里用掉我的半生甚至毕生的时间才是我的幸运。所以，我勇敢地放弃了原来的专业，开始了我在计算机领域的崭新人生。

我的另一次的放弃是在卡内基·梅隆大学教书时，放弃了两年的年资而加入了苹果公司。虽然我一直把我的老师当作楷模，而且又有幸任教于世界顶尖的计算机系，但这个工作大部分的时间投入到了如何获得终身职位，怎么样去找到最好的学生，怎么样去发表论文，等等。这些事本来都是好事，但这些事情对社会的价值并不是那么直接。我希望去做一些直接有益于社会的事，比如研发一种很多人都会使用的技术或产品，或是去帮助学生发掘他们的潜力。所以，当苹果电脑的一位副总裁对我说"你要选择终生写些没有人读得懂的论文，还是要选择改变世界"时，我毫不犹豫地选择了改变世界。我的感觉就像是获得了自由。

加入谷歌后，有许多记者问我："在微软你有七年的人脉，有比尔·盖茨的信任，就这么放弃了，你不觉得可惜吗？"确实，这些是很有价值的东西，但是当我看到有回到中国再一次创业的机会，当我看到一个互联网时代创新模式的产生，当我看到一个坚持自己理想和社会责任感的公司，我更深深地理解如果我只对我拥有的东西依依不舍，那么我将错过这个一生中仅有（once in a lifetime）的机会。于是，就像我在"追随我新的抉择"中所说的："我有选择的权利——我选择了中国。我要做有影响力的事——在中国，我能更多地帮助中国的青年，做最有影响力的事。我能经过学习新的创新模式，成为最好的自己。"同时，我放弃了在微软的人脉，放弃了继续与比尔·盖茨工作的机会，放弃了那安稳的工作，放弃了那"世界第一大 IT 公司"的荣誉。

我人生中这几次勇于放弃的经历，都使我更加清楚自己的追求和兴趣所在，也使我更有激情去从事自己喜爱的事业。放弃意味着失去，但失去的是那些自己缺乏激情的东西，得到的却是自己主动追寻的事业。

用真心追随智慧

最后一个可以帮助你做出正确抉择的"智囊"就是你内心深处的价值观、理想和兴趣了。

　　价值观就是每个人判断是非、善恶的信念体系（What is right？），理想就是我们对自己人生目标的基本设计（What do I want my life to be？），而兴趣则是我们每个人最喜欢、最热爱的事情（What do I love doing？）。这三者共同构成了我们内心深处最为真实的声音。有关如何找到自己的价值观、理想和兴趣，读者可以参看《做最好的自己》一书中的相关章节。

　　在选择面前，该注重自信还是该自省？该积极还是该有同理心？该勇敢还是该有胸怀？该读研、工作，还是出国？对于这些棘手的问题，你的价值观、理想和兴趣都可以给出最终的解决方案。你的价值观是你判断"是非"的准绳，你的理想和兴趣是你辨别"方向"的指南针——它们都是你心底里最真实、最"自我"的东西，还有什么是比这些更重要、更精确的判断依据呢？

　　如何找到自己的"真心"呢？在感到不知所措的时候，我会用一个特别的"报纸头条测试法"来检验自己的言行。所谓"报纸头条测试法"，就是在事后想一想：明天，如果在一份你的亲朋好友都会阅读的报纸上，你做的事被刊登为头条新闻，你会不会因此而感到羞愧？会不会无法面对自己的良心？如果不会，你做的事才对得起你自己的价值观。

　　下面是一个"报纸头条测试法"的真实使用例子。我在苹果公司工作时遇到了公司裁员，当时我必须要从两个员工中裁掉一位。第一位员工毕业于卡内基·梅隆大学，是我的师兄。他十多年前写的论文非常出色，但加入公司后很是孤僻、固执，而且工作不努力，没有太多业绩可言。他知道面临危机后就请我们共同的老师来提出，希望我顾念同窗之谊，放他一马。

另一位是刚加入公司两个月的新员工，还没有时间表现，但他应该是一位有潜力的员工。

我内心里的"公正"和"负责"的价值观告诉我应该裁掉师兄，但是我的"怜悯心"和"知恩图报"的观念却告诉我应该留下师兄，裁掉那位新员工。

于是，我为自己做了"报纸头条测试"。在明天的报纸上，我希望看到下面哪一个头条消息呢：

1. 徇私的李开复，裁掉了无辜的员工；

2. 冷酷的李开复，裁掉了同窗的师兄。

虽然我极不愿意看到这两个"头条消息"中的任何一条，但相比之下，前者给我的打击更大，因为它违背了我最基本的诚信原则。如果我违背了诚信原则，那么我既没有颜面见到公司的领导，也没有资格再做职业经理人了。

于是，我裁掉了师兄，然后我告诉他，今后如果有任何需要我的地方，我都会尽力帮忙。

这是一个痛苦的经历，因为它违背了我内心很强烈的"怜悯心"和"知恩图报"的价值观。但是，"公正"和"负责"的价值观对我而言更崇高、更重要。虽然选择起来很困难，但最终我还是能够面对我的良心，因为我知道这是公正、负责、诚信的决定。

如果用"报纸头条测试法"得到令自己羞愧的结果，就有必要深刻反省，下定决心将来再也不做类似的事。每个人都要对自己的良心和承诺负责，这种自己和自己达成的协议与默契是维持诚信的价值观的最好方式。

理想与价值观一样地重要。我在大学时立定了我的人生目标——让我的影响力最大化。这个理想帮助了我做出许多重要的决定，例如1998年回到中国创办微软中国研究院，2005年又毅然决定加入谷歌公司并再次回到中国创业，这些重大的选择其实都是我追随内心的表现：我认为我的理想可以在中国实现得更好。

大学生们在二十五岁以前，通常都会面临两个重要的选择：一是选择最适合自己的专业；二是选择最适合自己的工作。选择专业时，不应当只听从父母的意见，也不应当只看学校的名气大小或报考该专业学生的分数高低。相应的，选择工作时也不能单纯地考虑名、利、时尚等外在因素。我想，最重要的还是要听从你内心的声音，在综合权衡自己的理想、学习积累、天赋以及工作条件的基础上，做出正确的抉择。

我建议大家应该通过自己正确的价值观和理想来寻找最为完整、最为均衡的人生状态。任何一个高尚的人，一个有远大理想的人都必然会在积极追寻成功的道路上运用自己最高的智慧：因为拥有了正确的价值观和远大的理想，他在面临困难和挑战时就必然会听从自己的真心，用冷静的心态权衡各种利弊，他也必然会在一次又一次或是成功或是失败的抉择中，不断积累经验完善自我……这样的人最能理解完整与均衡的真谛，这样的人最懂得使用自己的"选择"的权利来赢得真正的成功。

每个人的"真心""理想""兴趣"不同，每个人的机遇不同，参加的团队不同，学习的机会不同，擅长的"态度"或"行为"也不同。所以，你有选择的权利，只要用智慧做出正确的选择，你就能成为"最好的你自己"。

融会中西，均衡发展

在今天这个信息化、全球化的时代里，只有融会中西才能成为真正有价值的国际化人才。

中西方文化之间存在较大差异。每一个希望获得成功的年轻人都应当在中西方各不相同的思想和文化范畴中寻找最适合自己，最能体现完整与均衡的文化精髓，并将中西方文化各自的优势结合起来。只有这样，我们才能同时发挥中国人讲求纪律与服从、重视谦虚和毅力，以及西方人强调创意与个性、鼓励积极与勇气的特长，才能在成功的道路上更容易地把握各种要素之间的完整与均衡的关系。

中国和西方的年轻人在各自的文化传统和教育环境的影响下，形成了各自不同的风格或优势。根据我的经验，大部分中国青年和美国青年的优势可以用下表来概括。

中国学生	美国学生
求稳务实	有创新精神
有毅力	有热情
讲纪律、服从	有主动性
扎实的理论基础	擅长独立工作，想得深远
含蓄，心里有想法不直说	直截了当地沟通、争论
谦虚	自信
不同意也不说"不"	不同意就说"不"

很多人认为，在 IT 和其他高科技领域内，西方人表现得更为出色，因此中国人只有吸取西方的企业文化才能获得一席之地。的确，IT 产业内的一些新观点、新理念和创新的思维确实与西方的科技发达有直接的关系。西方文化直截了当的沟通和主动参与的意识，以及强调团结合作的观念和方法都值得我们认真学习。

但在另一方面，当东方国家努力追求现代化和工业化的时候，西方人却在试图回归到东方传统的价值理念中，许多优秀的企业管理者、科学家、艺术家都开始认真研习儒学和佛教等东方文化，试图从古老的东方寻找到最为恒久、最可宝贵的精神财富。

其实，对一个真正的成功者米说，他既需要西方的科技和理性，也需要东方的心胸与美德。相比之下，后者可能还更重要一些，因为东方文化影响的是每个人内心深处的东西。许多中华的传统美德，例如"中庸之道""正大光明""学无止境""人贵有自知之明""将心比心""严于律己、宽以待人"等等,都可以成为我们在追寻成功时的最好指南。

所以,我要求大家兼顾中西的目的不在于渲染中国或西方的文化,而是要让大家用不同风格、不同背景的思想充实自身,以达到均衡发展的最佳状态。我最想强调的其实是中西文化相辅相成的必要性和有效性。我认为:

一个人甚至要同时具备多种看似相互矛盾的品质,才能在复杂的境遇中因具体情景不同而运用正确的一种。

用智慧在各种看似矛盾的因素之间主动选择"完整"和"均衡",这是"选择成功"的最大秘诀。

梁启超曾说:"故今日之责任不在他人,而全在我少年。少年智则国智,少年富则国富,少年强则国强,少年独立则国独立,少年自由则国自由,少年进步则国进步。"

青年朋友们,中国是了不起的国家,她已经可谓世界上最大的市场和最大的人才中心。这里有无数的机遇在等着你们,只要你们用智慧主动选择,成功随时都有可能降临到你的身边!

给青年学生的第七封信

——21世纪最需要的七种人才

引　言

　　曾三次获得普利策奖的托马斯·弗里德曼出版了一本名为《世界是平的》的书。中国在这本书中占有相当大的分量，其中几页还特别提到我和微软亚洲研究院的故事。该书出版才几周就一跃成为排行榜上的第一名。在书中，弗里德曼高度评价了中国人的天分和毅力。他还认为："经过科技革命和世界性的合作，历史的潮流已将世界各地间的隔阂消除殆尽，如果你不努力赶上时代的潮流，你终将会被历史所遗弃。"

　　我决定回到中国时，曾经与弗里德曼有过一次深入的交谈。我提出：我非常赞赏他的"平坦的世界"的看法，其实，"平坦的世界"需要的是同样的人才，无论你在美国、中国、印度。我同意他提出美国青年需要进步，才能不被时代遗弃。但是，我提出他的书里面谈到的问题似乎把中国与印度的教育过于完美化了。我认为中国的教育和青年也需要同样的激励与进步，才能成为 21 世纪顶天立地的人才。最后，他也同意他可能为了唤醒美国青年与教育家，特别强调和加深了问题的严重性。

因此，我写给青年学生的第七封信的内容主要就是围绕"21世纪最需要的是什么样的人才"展开的。我们正身处一个"平坦的世界"——在 21 世纪里，世界任何一个地方需要的最优秀的人才都应该具备国际化、现代化的特点；21 世纪里成功的跨国企业需要的也正是来自世界各地，虽然文化背景不同，但在个人素质和满足时代要求方面同样出色的人才群体。因此，这封信不仅仅是写给中国青年的，也同样是写给世界青年的，是写给任何一个希望在 21 世纪里获得成功的人才的。

人才的标准从来都不是一成不变的。在东方的战国时代和西方的骑士时代里，最受器重的是力敌万夫的勇士和巧舌善辩的谋臣；在中国的科举时代里，靠着"死记硬背"和"八股文章"而金榜题名的书生最容易；在西方工业革命风起云涌的日子里，善于用机器的力量改变世界的发明家以及那些精通专业、埋头苦干的工程师成了所有人才中的佼佼者；即便是在过去的 20 世纪中，大多数企业对人才的要求还停留在专注、勤奋、诚实、服从等个体层面……

但在今天这个机遇稍纵即逝，环境瞬息万变的世界里，更多的人拥有了选择和决策的权利，更多的人需要在不断学习和不断创新中完善自己，也有更多的人拥有了足够自己施展才能和抱负的空间……大多数人的工作不再是重复的机械劳动，也不再是单打独斗式的发明与创造。人们需要更多的独立思考、自主决策，人们也需要更加紧密地与他人沟通、合作。

在 21 世纪里，现代企业最需要的不仅仅是个体上优秀，或只拥有某方面特质的"狭义"的人才，而是能够全面适应 21 世纪竞争需要的，在个人素质、学识和经验、合作与交流、创新与决策等不同方面都拥有足够潜力与修养的"广义"的人才。如果把 20 世纪企业需要的人才特质与 21 世纪企业对人才的要求做一个简单的对比，我们大致可以得到下面这张反差强烈的对照表：

20 世纪最需要的人才	21 世纪最需要的人才
勤奋好学	融会贯通
专注于创新	创新与实践相结合
专才	跨领域的综合性人才
IQ	IQ + EQ + SQ
个人能力	沟通与合作能力
选择热门的工作	从事热爱的工作
纪律、谨慎	积极、乐观

并不是说 20 世纪强调的诸如勤奋、踏实等人才特质就不再重要，事实上，21 世纪对人才的要求同样会以这些最为基本的个体素质和行为规范为基础。只不过,21 世纪对人才的要求更全面也更丰富，

审视人才的视角也从单一的个体层面转向了融合个体、团队、组织、社会乃至环境等多个维度，涵盖学习、创新、合作、实践等多种因素的立体视角。

无论是对于那些渴望成为栋梁之材的学生，还是对于那些致力于培养优秀、实用人才的大专院校来说，能否使用 21 世纪的立体视角更全面、更透彻地理解新世纪的人才标准，都是我们能否更好地适应 21 世纪的国际竞争环境，更好地发挥人才优势的必要前提。

因此，我打算结合自己在此前的科研、教学与研发管理中积累的经验，具体谈一谈上表所列的七种面向 21 世纪的人才特质，希望能为广大青年学生以及致力于人才培养的人们提供一些有益的帮助。

融会贯通

很多学生都错误地认为，学习的目的不外乎就是获取特定的文凭，以便找到合适的工作。一些学校和老师也把大量精力花在如何培养"考试机器"上面。甚至有辅导老师对同学们说："你们考前尽量背知识点，考完就尽快忘掉，不然，你们无法应付接踵而至的繁重课程。"

这种把考试和文凭当作学习的唯一目标的做法是极其错误的。学习之所以重要，关键在于它是我们实现理想，追随兴趣的必由之路。

只有持续学习，人才可以不断提高自己，让自己逐渐接近真正属于自己的成功。

今天，社会发展日新月异，知识换代的速度越来越快。如果不懂得终身学习的道理，不掌握真正有效的学习方法，我们就无法在工作中跟上时代的节拍。也就是说，只为了文凭和考试而学习，或是只知道在大学期间学习的人，他们即便获取了文凭，也一定会在今后的工作中成为"陈旧"的落伍者——因为一旦进入了工作岗位，会不会考试和能否记住答案早已不重要了，只有善于思考、推理和应用，懂得为什么和如何做的人才会在工作中脱颖而出。所以，学习的真正目的是在整个人生过程中不间断地更新自己，以便与时代发展保持同步。

在《做最好的自己》一书中，我提出学习的四种境界：

1. 熟能生巧：在老师的指导下学习，掌握课本上的内容，知道问题的答案。

2. 举一反三：具备了思考的能力，掌握了学习的方法，能够举一反三，知其然，也知其所以然。

3. 无师自通：掌握了自学、自修的方法，可以在没有老师辅导的情况下主动学习。

4. 融会贯通：可以将学到的知识灵活运用于生活和工作实践，懂得做事与做人的道理。

显然，融会贯通是学习的最高境界，21 世纪最需要的也是能够在学习上融会贯通，善于思考、推理和应用的人才。

举例说来，对于一个学习计算机科学专业的学生，学会课堂上的每一门功课，系统地掌握数学、算法、系统以及编程方面的知识，这仅仅是打下了一个计算机科学专业的学生所必备的知识基础。要想真正成为计算机方面的研发好手，他还必须具备自主学习、自主思考和自主创新的能力，能够把不同来源的知识、经验和方法有机地结合在一起，用它们灵活、有效地解决实际工作中的具体问题。

因此，一些软件公司招聘研发人员的时候，除了要考察应聘者的基本编程能力、算法知识和项目经验以外，还经常用一些看似稀奇古怪的"思维挑战题"来考察应聘者独立思考和解决问题的能力。例如，一些应聘者会被问道：

"为什么下水道的盖子是圆的？"

"请评价一下你刚刚使用过的电梯的人机界面。"

"请估计一下，北京有多少加油站。"

这些题并不像许多人所认为的那样是"智力测验"或"脑筋急转弯"类的试题，它们的真正目的是要测试应聘者在独立思考时的综合表现。这些问题的答案可能有很多。例如，对第一个问题，回答"圆形是唯一不会掉进洞里的形状"当然是很好的，但如果回答"圆形比较接近人体，维修工人上下方便""方形有棱角，容易伤人""圆形可以滚动，一个人就可以搬运"等等，这些也是很好的答案。

考官之所以问这些看似稀奇古怪的问题，其实是想测出一个人思维的独立性和灵活性。如果一个应聘者回答出了好几种答案，那更加证明了他是一个思维活跃的人。如果一个人的回答不合逻辑，或干脆答不上来，抑或在回答后一口咬定只有一个正确答案，那么就算他在学校考试时取得过优异的成绩，我们也会怀疑他是不是一个只会背书和考试，而不善于灵活应变、融会贯通的人。

融会贯通意味着你必须善于将学习到的知识应用于实践中去。在 IT 领域，许多成功的公司都希望加入公司的毕业生拥有十万行以上的编程经验（例如在谷歌，大多数没能通过面试的应聘者都是因为实际动手能力不足），但不少中国学生告诉我说，他们在学校的四年时间里，真正自己动手编写过的程序还不超过一千行。这一方面说明一些学校在教学时不重视对学生实践能力的培养，另一方面也说明许多学生只知道学习"死"的知识，而不知道去寻找或创造机会，以便将学到的知识用在具体的实践当中。

融会贯通也意味着你必须学会独立思考，学会用创造性的思维方式分析和解决问题。在谷歌的招聘过程中，我发现有一些很好的学生非常善于解答某些有着明确描述和明确答案的问题（例如，"怎样遍历无向图或有向图"等等），但他们一碰到那些需要进一步抽象和明确的、略显模糊的问题（例如，"如何将常用的图算法应用于人际关系建模与分析"等等），就很难将自己的思维集中到正确的方向上来，也很难根据具体的情况选择最合适的解决方案。要知道，在实际工作中，几乎每一个问题都是模糊和不确定的，你的老板和同事不可能预先帮你将问题简化成书本里那样的抽象形式，一切都需要你自己动手，需要在融会贯通的基础上创造性地解决问题。

和简单地学好课本知识相比，融会贯通对每个学生的要求更高。但只要达到了融会贯通的境界，你就具备了 21 世纪人才的必备特质之一，并同时拥有了实现理想和追随兴趣的坚实基础。

创新与实践相结合

现代社会离不开创新，因为无论是对一个社会还是对一个企业，创新都是唯一能够长期持续的竞争优势。从根本上说，价值源于创新。创新以及由创新引发的产业和技术革命所能够创造的价值要远远大于重复性劳动所能创造的价值。正因为如此，几乎所有现代企业都把创新摆在企业发展的最核心位置，包括中国在内的绝大多数发展中国家也都把自主创新视为可持续发展的根本动力。

但是，科研领域和产业界往往会有一种"为了创新而创新"的倾向。许多研发成果只是片面地追求"科技领先"或是"概念独特"，许多研究员只是追求发表论文而不考虑创新的结果是否能很好地解决实际问题，是否能被大多数用户接受。

例如，1996 年我在 SGI 公司领导一个研发团队开发了一个非常酷、非常棒的三维浏览器，也赢了很多大奖。但当时我们只顾埋头创造，却没有做好市场分析和调查，看一看这么酷这么棒的浏览器在市场上到底能否被普通用户接受。结果，因为该产品没有市场，这个创新无法为公司创造任何价值，我们的产品等于白做了。我们不得不把部门卖掉，解散了部门里的一百多位员工。这可以说是我一生中最难忘的事情之一，也是我所经历过的最大的一次失败。

这个惨痛的经验教训就是：创新必须为实践服务，"为了创新而创新"是没有任何意义的。我在 MIT 被采访，问我如何用一句话来激励 MIT 的学生。那时我刚经历了 SGI 的失败，我想到的第一句话就是："重要的不是创新，而是有用的创新。"我们不能因为"新"才去做一件事，而要看它究竟有没有实用价值，究竟能不能解决实际问题，并被用户所接受。

反之，在实践过程里，我们也不能只局限于重复性的工作，而应当时时不忘创新，以创新推动实践，以创新引导实践。只有不忘创新，我们的实践工作才能充满活力和激情，才能不断研发出卓越的产品。

谷歌公司的两位创始人——谢尔盖·布林和拉里·佩奇——就非常善于在实践中创新。当年，当这两个斯坦福大学的神奇人物将创新的网页排序算法与方兴未艾的网络搜索实践结合为实力超群的谷歌搜索引擎的时候，创新和实践这两个相辅相成的字眼就在谷歌深深扎下了根。即便是在紧张的工作之余，两位创始人也不会忘记发明一些"新奇"的玩意儿来为工作增添些乐趣。有一次，拉里·佩奇自己动手，将装有自己开发的测试程序的笔记本电脑安装在可以遥控的玩具车上，然后蹲在地上，指挥着自己的测试车跑遍公司的各个角落——其目的竟然是为了测试公司内部的无线网性能。

创新引导实践，实践支持创新。实践和创新缺一不可，这就好比只懂得力学原理的人和只知道铺砖叠瓦的人都无法独立建起一座摩天大厦一样。同样的，在新的世纪里，也只有那些善于将创新和实践结合起来的人才有可能获得最大的成功。

跨领域的综合性人才

21世纪是各学科、各产业相互融合、相互促进的世纪。21世纪对人才的要求也由传统的专才转向了跨领域、跨专业的综合性人才。也就是说，现代社会和现代企业不但要求我们在某个特定专业拥有深厚的造诣，还要求我们了解甚至通晓相关专业、相关领域的知识，并善于将来自两个、三个甚至更多领域的技能结合起来，综合应用于具体的问题。

事实上，跨领域、跨专业也是社会发展的内在需要。现代社会在各专业领域得到充分发展之后，就势必会对不同专业、不同领域的协作与集成提出更高的要求。例如，假设在传统学科分类体系看来，人们已经创建的知识门类有一千种，那么，将这一千种知识门类两两结合，我们就可以得到一百万种潜在的可能性，其中每一种都有可能开创一个崭新的学术领域，引发一次技术或生产力的变革，有可能为社会发展注入新的动力。如果考虑三种知识门类的合成，那么，这种可能性就会增长到十亿种——其中蕴藏着多么大的机遇与挑战呀！

具体说来，以计算机科学为例，人们已经分别将计算机科学与心理学、语言学、经济学、生物学、建筑与土木工程、戏剧、机械与自动化等专业门类结合，开创出了用户界面设计、计算语言学等一大批充满活力的新兴学科（如下表所示）：

其他科学	计算机科学
心理学	用户界面设计
语言学	计算语言学
经济学	计量经济学
生物学	基因分析
建筑与土木工程	计算机辅助设计（CAD）
戏剧	数字娱乐
机械与自动化	机器人学

例如，苹果公司著名的 iPod 媒体播放平台就融合了存储、信息编码、网络、用户界面等多个技术门类，并成功地赢得了市场认可。

另一个例子与谷歌的成功之路相关。可能许多人会认为谷歌一定是在信息检索（也就是"搜索"）方面掌握了先进的技术，取得了突破。但实际上，早在谷歌成立二十多年前就有一个世界领先的信息检索公司 LexisNexis。LexisNexis 可以说是信息检索行业的开拓者和领头羊之一，二十多年前就在大文本和数据库的搜索方面开发出了领先世界的产品。但是，LexisNexis 因为过度地专注在信息检索行业本身而错过了互联网的革命，他们没有看到利用庞大的并行计算来检索互联网上海量信息的巨大机会。相反，谷歌在技术上依靠着多学科、多领域知识的交叉互补与综合运用，反而后来居上。如果深入剖析的话，看似简单的谷歌网络搜索技术其实是由信息检索（如何找到最佳的信息匹配）、网络（如何用最新的网络技术满足用户需求）、用户界面（如何让用户在最佳的使用体验中更便捷地获取信息）、信息采集（如何收集分散在网络各个角落的信息资源）、硬件（如何为复杂的计算任务提供硬件支持）以及并行处理（如何快速处理大规模的计算任务）等技术领域组合而成的。

除了产品之外，在学术研究领域也是一样的道理。在一个成熟领域更深入地研究下去，或去开创一个新的理论，这都是很困难的。例如，在语音识别领域，我的博士论文被许多人认为是该领域里的一个里程碑，因为我实现了世界上第一个不指定语者的连续语音识别技术。也许你会以为，其中肯定包含有精深的声学研究或语言学研究，但如果剖析我的论文，你就会发现，其实我并没有发明任何新的理论，也没有在声学和语言学做出任何实质性的突破。我的论文的特点在于，我除了运用传统的声学和语言学，也加入了跨领域的新技术，包括统计学、信号处理以及模式识别等各个相关领域的结合体。这样的一个实事求是的创新才能更快得到应用。今天，全球的语音识别系统大都是在我的论文所奠定的技术基础上发展而来的。

总之，现代科技需要跨领域的合作，也需要跨领域的综合性人才。当然，这并不意味着我们不再认真学好某一门知识——但是，过于钻牛角尖可能会失去创新实践的机会。将不同专业最新的思想结合起来，做一些既有创意又可以实践的东西，这可能是最有成长空间的机会。21 世纪需要的是那些既能对某个专业领域拥有深入的理解和认识，又能兼顾相关领域发展，善于与其他领域开展合作的综合性人才。

三商兼高：IQ + EQ + SQ

不少学生认为，著名企业选择人才的标准是"成绩决定一切"，能否进入一流公司只取决于你来自什么学校，排名第几。当然，一般说来，来自于名校或成绩好的学生在求职时的成功概率可能更大些，但并非一定如此。在我接触的许多优秀员工中，有不少人是从名不见经传的学校毕业的普通学生。根据《隔壁的百万富翁》一书的统计，美国百万富翁的平均大学成绩只有 2.9（3 分相当于乙等，2 分相当于丙等），并不是非常突出。

其实，一个人能否取得成功，不只要看他的学习成绩或智商（IQ）的高低，而要看他在智商（IQ）、情商（EQ）、灵商（SQ）这三个方面达到了均衡发展。也就是说，21 世纪的人才需要在以下三个方面表现均衡，才能满足现代企业对人才的需求：

1. 高智商（IQ, Intelligence Quotient）：高智商不但代表着聪明才智，也代表着有创意，善于独立思考和解决问题。前面谈到的融会贯通、创新时间、跨领域思考都是 21 世纪高智商的代表。

2. 高情商（EQ, Emotional Quotient）: 情商是认识自我、控制情绪、激励自己，以及处理人际关系、参与团队合作等相关的个人能力的总称。在高级管理者中，情商的重要性是智商重要性的九倍。

3. 高灵商（SQ, Spiritual Quotient）: 高灵商代表有正确的价值观，能否分辨是非，甄别真伪。那些没有正确价值观指引，无法分辨是非黑白的人，其他方面的能力越强，对他人的危害也就越大。

我曾在中央电视台《对话》节目中和一位中国大学副校长讨论学校与人才之间的关系。他认为学校的职责在于培养高智商的人才，而我认为除了聪明才智之外，学校必须培养守诚信和有团队精神的人才。守诚信就是"灵商"，团队精神就是"情商"。因为大学四年既是学生可塑性最强的四年，也是学生最容易被误导的四年。如果只重视培养智商，则走出校门的人才很可能称为不能适应现代社会要求的"畸形"人才。

所以，我建议在校学生充分利用学生社团、项目合作、暑期实习等各种机会，培养自己在情商、智商和灵商等方面的潜质，为自己的未来做好准备。

沟通与合作

沟通与合作能力是新世纪对人才的基本要求。上一节所讨论的"情商"其实就包括了沟通与合作能力。在 21 世纪，我们需要的是"高情商的合作者",因为几乎没有哪个项目是一个人可以做出的。因为跨领域的项目会越来越多,所以每个人必须和别的领域的人合作。因为公司会越来越放权,所以每个人必须主动地与人合作,而不是等老板来分配工作。如果一个人是天才,但他孤僻、自傲,不能正面地与人沟通,融洽地与人合作,那么他的价值将大幅度下降。

我以前就遇到过一个极端的例子。当时,公司里有一个非常聪明的工程师,对公司有不少技术贡献,一个人可以完成好几个甚至几十个人的工作,所以公司过去一次次地提拔他,最后他成为公司唯一"副总裁"级别的工程师。但他不愿意与人合作,对其他人不如自己的地方也极为不满。有一次,他将一封回给另一位工程师的电子邮件同时抄送给各级主管经理和总裁,在那封邮件中,他历数了对方在工作中的失误并严加指责,甚至使用了"愚蠢透顶"这样的字眼。这样的邮件在公司内部造成了极坏的影响,同事们对他不满,不再信任他,不愿意与他合作。公司管理者也逐渐意识到,这种绝顶聪明,但缺乏合作意识,动辄指责他人的"天才"在公司里造成的反面效应其实比他为公司做出的正面贡献大得多,这种人才绝对不适合在一个21世纪的现代企业中工作。

高效能的沟通者善于理解自己的听众,能够使用最有效率的方式与听众交流,并尝试用引导而不是说教的方法改变听众的想法。

高效能的合作者善于找到自己在团队中的恰当定位,能否快速分清自己和其他团队成员间的职责与合作关系,并在工作中积极地帮助他人或与他人分享自己的工作经验。

在团队合作方面，国内一些高校对学生的要求并不很高。例如，我的一个朋友曾在国内某大学开设一门课程。开始时听课的学生很多，但后来他发现，有30%左右的学生自动退出了。他大惑不解，便在课程结束后对退出课程的同学做了一个问卷调查。结果发现，大部分同学退出课程的原因竟然是：该课程的许多作业要求学生组成团队，共同完成，但学生们却对团队合作的学习方式感到不习惯和不适应。显然，这些学生并不理解团队合作的重要性，当他们参加工作后，所有的工作都需要团队合作才能完成，如果能在课堂上积累更多的团队合作经验，那对今后的工作该有多大的帮助呀！

从事热爱的工作

在选择就业岗位时，大多数学生都会选择最热门或收入最丰厚的工作，而不管自己是否真正喜欢这项工作。人人都需要钱，人人都希望有更多的钱。希望有钱不是坏事，但是一个仅仅为钱工作的人所能发挥的潜力是非常有限的，因为他凡事都会想"怎样才能赚更多的钱"。这样的人还可能因为缺乏动力或动机不纯而做出错误的决定。

我更认可的是那些真正自觉、自信的学生，他们会根据自己的兴趣、爱好来选择工作——因为只有做自己热爱的工作，才能真心投入，才能在工作的每一天都充满激情和欢笑。我想，后一种人才是最幸福和最快乐的人，他们最容易在事业上取得最大的成功。有一位美国朋友把孔子的"知之者不如好之者，好之者不如乐之者"翻译为："If you find a job you love, you never have to work a day in your life." 这句话代表了"从事热爱的工作"的真谛。

前一阵有一位非常优秀的华人经理来应聘一个资深职位。虽然他在技术和管理方面都很强，但我们还是拒绝了他。下面是我根据所有面试官的评语对他所做的总结："他很希望离开目前的公司，但他没有任何的理想或激情。他不在乎今后做什么项目，只是一直追问待遇、职位、权力等问题。他如果只想做一个职业经理人，并在每月拿回家一个沉甸甸的薪水袋，那么，他绝对不适合在我们公司工作。"

谷歌的创始人谢尔盖·布林和拉里·佩奇还在斯坦福读博士的时候曾经有一次对话，目的是探讨为什么斯坦福的博士和博士后的表现在给人的感觉上有相当大的差别。

拉里："我们的博士后也都是毕业于各名校，但是为什么总是表现得不如博士呢？"

谢尔盖："是啊，而且著名的研究几乎都是由博士做出并发表论文，很少看到什么突破性的工作是博士后做出来的。"

拉里："难道是读了博士以后，人就变笨了吗？那我们还是别读了吧。"

谢尔盖："我知道了。我们的博士在进入斯坦福的时候可以选择自己有激情的题目，跟随自己喜爱的老师。"

拉里："对，而那些有经费但是没有博士生愿意做的项目，教授只好聘请博士后来做。"

所以，这又是一个"知之者不如好之者，好之者不如乐之者"的例子。

也许你认为必须要做总裁、做科学家才会有激情，其实不是这样的。我在西雅图时，曾经认识一个鱼贩。他在一个公开市场经营一个有名的鱼店。他和他的每一个员工都相当有激情。如果你到他店铺附近，你会看到他们唱着歌，把鱼从车上一条条地扔到摊儿上。如果你进了他的店铺，一个个伙计会亲切地把免费的熏鱼或螃蟹腿送到你面前，让你品尝。有一天下班的时候，我看到这个店铺数的钞票都是别的店铺的好多倍。最近，我回到西雅图，发现老板不在了，他的伙计告诉我："老板的激情被一个书商看上，现在出了一本畅销书 *Fish, Catch the Energy, Release the Potential*。出了书后，许多财富五百强的企业请他做顾问，教他们如何调动员工的热情。"（也许你觉得"鱼贩"不适合作为 21 世纪的企业的样板——其实，服务业是永远不会消失的，而且在巨大的竞争下，有激情的从事服务业的人更容易脱颖而出。）

如果一个学生只想着自己将来能拿多少薪水，那么他的成功必将是有限的。如果他能找到一个符合理想、兴趣的方向，而且又善于学习和积累，那他的前途就不可估量了。要想找到自己的激情，我建议你首先找到你的理想，树立人生的目标以及各阶段的目标，对自己的未来进行认真的规划，有可实现、可度量和可评测的心愿。然后，寻找自己的兴趣，激发自己的激情。热爱自己的工作，做自己喜爱的工作。如果你对兴趣不确定，那就保持一颗好奇的心，多多尝试。

积极乐观

沉默不一定是金，谨小慎微也不一定总是为人处世的经验之道。在机遇稍纵即逝的 21 世纪里，如果不能抱着乐观的态度，主动把握机会甚至创造机会，机会也许就再也不会降临到你的身边；如果不能主动让别人了解你的能力与才干，你也许就会永远与你心仪的工作无缘。

21 世纪是一个信息充分共享，个人能力得以充分释放的世纪。千百年来，人们很少能像今天这样拥有如此众多的选择的机会，也很少能像今天这样可以如此充分地把握自己的命运。在这样的时代里，我们更需要的是积极进取、主动选择，而不是缄默谨慎、被动接受。

在《给青年学生的第五封信》中，我提出了积极主动的三个重要性以及培养积极进取精神的各种要素：

1. 对自己的一切负责，把握自己的命运：我们必须认识到，不去解决也是一种解决，不做决定也是一个决定。

2. 沉默不是金：要想把握住转瞬即逝的机会，就必须学会说服他人，向别人推销自己，展示自己的观点。

3. 不要等待机遇，而要做好充分的准备：不要坐等机遇上门，因为那是消极的做法。也就是说，在机遇还没有来临时，就应事事用心，事事尽力。当机遇尚未出现时，除了时刻准备之外，我们也应该主动为自己创造机遇，不能总是守株待兔，等着机遇上门。

积极主动的人总有无穷的创造力。当谷歌决定在中国各高校成立 Google Camp（谷歌俱乐部）的时候，主管该事情的工作人员来跟我讨论相关事宜，以及如何启动。而我对自己此前在全国二十多个高校巡回演讲时遇到的一些非常积极主动的同学印象深刻。我马上想起当时有一位北航的学生曾寄一份电子邮件给我，希望谷歌在北航做一个俱乐部。我也记起在浙大的一个积极主动的社团曾主办我的演讲，他们做得非常出色。我还记起在南大设计并发起用"六度空间"来寻找我的那四位同学。于是我就跟我的同事们说，你们应该直接去找这几位同学，因为他们是最积极主动的，他们一定会提出很多想法。数月后，这几位同学不但为 Google Camp 提出很好的意见，而且还在谷歌实习，开发出了 Google Camp 推向二十多个高校的计划。他们的积极主动让他们脱颖而出，也让他们得到了很好的培训机会。

对于积极主动，可能最大的抗拒就是"如果失败怎么办"。这里，我希望提醒各位同学："半杯水是半满还是半空，主要看你是在倒水入杯还是出杯。"希望每位同学都是不断倒水入杯的乐观人。因为，每个人在一生中总会遇到大大小小的失败与挫折。在 21 世纪里，环境因素时时刻刻都在改变，这更加增大了失败的概率和风险。畏惧失败的人会在失败面前跌倒，并彻底丧失继续尝试的勇气。而乐观向上的人却总能把失败看做自己前进的动力，他们善于从失败中学习，善于把失败看成是提高自己的最好机会。显然，乐观向上的人更容易适应 21 世纪的竞争环境，更容易在不断提高自己的过程中走向成功。最近有人提出在以上"4Q"之外还要加一个"AQ"。AQ 代表 Adversity Quotient，也就是面对困难的能力。在这充满机遇与挑战的 21 世纪，我们确实需要高 AQ 的人才。

台积电前董事长张忠谋先生为他的朋友题字时，写的是"多想一二"。其中的意思是说：人生不如意处十之八九，要多想余下那一二得意之处。也就是说，我们对于难得的成功要极度珍惜，保持一颗感恩的心和一个乐观的头脑。

至于那些"十之八九"的失败和挫折，不要过于在意，也不要悲观和失望，而要鼓起勇气，从失败中学习，从失败中完善自己。拿我自己来说，我的工作经历中就不乏失败的例子。前面提到过我在 SGI 公司所遭遇的产品没有用户，研发团队被解散的失败经历。但也正因为经历过那一次惨痛的失败，我真正意识到了创新与实践相结合的重要性。从那以后，无论是在微软亚洲研究院，还是在领导谷歌中国研发团队的时候，我都时刻提醒自己和自己的团队，既要在实践中保持创新的精神，又要在创新时紧密联系实践，贴近用户需求。应当说，我从失败中所学到的，比我在成功的经历中学到的东西多得多。从这些经验，我的结论是：不要把失败当作一种惩罚，而应该把失败当作学习的机会。

　　有一个人在前半生中经历过失业、经商失败、爱人死亡、发表演说失败、角逐国会议员提名失败、未被再度提名国会议员、想转任地方官失败、竞选参议员失败、角逐副总统提名失败等一系列挫折，你能猜出他是谁吗？其实，这个一生中充满失败经历的人就是美国历史上最杰出的政治人物，1860年当选美国总统的亚伯拉罕·林肯。我想，林肯总统之所以能够取得最终的成就，这应该与他乐观看待失败、从失败中获取力量的态度密不可分。

结束语

　　21世纪，年轻人的世纪。

　　21世纪，平坦的世纪。

　　21世纪，充满希望的世纪。

　　21世纪，充满挑战的世纪。

　　21世纪，新一代的国际化人才大展宏图的世纪。

　　在这美好的21世纪，那些能够融会贯通、将创新与实践相结合、跨领域合作、具备 IQ＋EQ＋SQ 的综合素质、善于沟通与合作、选择自己热爱的工作、积极主动、乐观向上的人一定能拥有更加平坦、辉煌的成功之路。

　　我将这封信献给所有渴望在21世纪成功的世界青年。我也将下面七句话赠给21世纪的青年：

融会贯通者：听过的会忘记；看过的会记得；做过的才能真正掌握。（Hear and you forget; See and you remember; Do and you understand.）

创新实践者：重要的不是创新，而是有用的创新。（What matters is not innovation , but useful innovation.）

跨领域者：重要的不是深度的解析，而是跨领域的合成。（What matters is not analysis, but synthesis.）

三商皆高者：你的价值不在于你拥有什么，而在于你贡献了什么。（Your value is not what you possess, but what you contribute.）

沟通合作者：只会思考而不会表达的人，与不会思考的人没什么两样。（The man who can think and does not know how to express what he thinks is at the level of him who cannot think.）

热爱工作者：如果你找到了自己热爱的工作，你就会在一生中享受每一天。（If you find a job you love, you will never work a day in your life.）

积极乐观者：半杯水是半满还是半空，主要看你是在倒水入杯还是出杯。（The glass is half full or half empty depending on whether you're pouring in or out.）

我的人才观

引　言

　　《我的人才观》是 1998 年我到微软研究院工作后写的第一篇文章，也是我一生中写的第一篇中文文章。文中描述了微软研究院是如何创造一个优越的环境来吸引人才的。通过一流的企业文化和一流的工作环境来聚集一流的人才，这是包括微软、IBM 等公司在内的许多高科技企业的一贯做法。数年后的今天，这个观点显得更为重要。我在文章中描述的许多微软公司吸引并留住人才的成功经验，今天已经在越来越多的跨国或本地企业中得到了成功的应用。

　　《我的人才观》发表后，文章中提到的"信息社会中高素质人才的效率优势远胜于工业社会中高素质人才的效率"的观点被广为引用。但我发现，人们往往仅局限在"高智商"的层面理解该观点，即掌握知识越多，人才的创造力就越强。事实上，智商（IQ）只是决定因素之一，其他因素诸如情商（EQ）、灵商（SQ）等对于信息社会中的人才来说也同等重要。也就是说，只有 IQ、EQ、SQ 三商兼高的人才才能适应 21 世纪的需要。

谷歌公司与微软一样重视人才战略，重视用优秀的文化和环境吸引人才。在许多方面，谷歌的做法还带有强烈的谷歌特色。例如，谷歌为员工提供免费的三餐和茶点，提供洗衣、按摩等服务，还提供相当齐全的健身和娱乐设施，有的谷歌员工说："我几乎每天都要在公司里待上十三四个小时。"听者还以为谷歌的员工每天都要加班，其实不然。在公司待十三四个小时的人其实是把饮食、休息、健身、娱乐甚至社交的地点都放在公司里了。谷歌虽然在员工福利方面投入了许多金钱，但谷歌的管理者认为，福利上的投入可以大幅提高员工的工作效率，还可以培养员工的主人翁责任感，这样的投入可以说是非常值得的。此外，谷歌公司管理技术项目的方式，如强调小规模的团队、鼓励员工利用 20% 的时间做任何自己喜欢的项目、尽可能让每个人选择做自己感兴趣的事等等，都非常有助于发挥优秀人才的特长，可以给员工更多的满足感和成就感。

人才在信息社会中的价值，远远超过在工业社会中的价值。原因很简单：在工业社会中，一个最好的、最有效率的工人，或许比一个一般的工人能多生产出 20% 或 30% 的产品；但是，在信息社会中，

一个最好的软件研发人员，能够比一个一般的人员多做出 500% 甚至
1000% 的工作。

自从微软中国研究院宣布成立以来，我最常被问到的问题是我
们为什么要在中国设立研究院？我一向的回答都是：“主要是中国有
一批优秀的人才。”“人才”为什么对微软如此重要？

人才的重要性

举一个例子，世界上最小的 BASIC 语言就是比尔·盖茨一个人
写出来的。而为微软带来巨额利润的 Windows 也只是由一个研究小组
做出来的。而在一个研究机构中，人才的重要性更高，因为研究和开
发有着相当大的不同。对一位研究员而言，“想”的能力比“做”的
能力更重要。一个了不起的研究员（如爱迪生）的成就，是一般的研
究员根本无法相比的。再举一个计算机界的例子，在 1970 至 1980 年
之间，施乐帕克（Xerox PARC）是一个只有数十人的小实验室，但据
我曾在 Xerox 工作的朋友 Alan Kay 说，这数十人有“可怕的才华”。
这“可怕的才华”带给了计算机界多项了不起的发明：激光打印机、
Bitmap 白底黑字的显示、用鼠标的 GUI（图形用户界面）、图像式的
文字处理软件、以太网和面向对象技术。这六项发明，启发了微软、
苹果、惠普、IBM、Sun、Cisco 及其他公司，终于在十年后把这些技
术带入主流。今天的人类能进入信息社会，Xerox PARC 的数十位研

究员功不可没。

爱才的例子

因为人才可贵，比尔·盖茨先生常常提到，微软所要面对的最大挑战，就是继续快速地发掘和雇用和现在的员工一样优秀的人。针对研究，他也曾说，研究的成功完全靠人才，所以微软追随人才，到中国来办研究院。

1991 年，当比尔·盖茨先生决定创立美国微软研究院时，他请了多名说客（包括在 DEC 公司带领 VAX 队伍的 Gordon Bell 先生，微软的首席技术官 Nathan Myhrvold 先生），专程到美国宾州的卡内基·梅隆大学，邀请世界著名的操作系统专家雷斯特教授（也就是我现在的老板①）加入微软。经过六个月的时间，在盖茨先生三顾茅庐的诚意之下，雷斯特教授终于加盟了微软。

雷斯特博士加入微软以后，也同样地，用最高的诚意和无限的耐心，去邀请计算机界最有成就的专家参加微软，共创未来。上文提到的一些专家（如在 Xerox PARC 发明激光打印机的 Gary Starkweather，在 Xerox 发明文字处理软件的 Charles Simonyi，在 Xerox 带领软件研究的 Butler Lampson，在 Xerox 带领硬件研究的 Chuck Thacker，在苹

---

① 此为写作本文时的情况。

果做出 Finder 的 Steve Capps，发明 VAX 的 Gordon Bell），还有上百名其他方面的世界专家，都在这八年（或更早的时候），经过雷斯特博士的游说，加入了微软。

我个人也被微软研究院多年经营的成功及和这些专家共事的机会所吸引，并被雷斯特博士的诚意所感动，最终决定加入微软。但我也可举一个非微软的例子。在加入微软的第二天，我意外地接到了乔布斯的长途电话。他在中国找到了我，并告诉我，自 1996 年我离开苹果之后，他曾多次找我回苹果，但是他对我换工作没有去找他感到十分失望。他希望说服我考虑回到苹果。当然他没有说服我，但是我对他的器重非常感激，他的爱才也值得我钦佩和学习。

发掘人才

既然人才如此重要，微软研究院是如何去发掘人才的呢？

首先，我们要找有杰出成果的领导者。这些领导者，有些是著名的专家，但有时候最有能力的人不一定是最有名的人。许多计算机界的杰出成果，经常是由一批幕后研究英雄创造的。无论是台前的名教授，还是幕后的研究英雄，只要他们申请工作，我们都会花很多的时间去理解他们的工作，并游说他们考虑到微软中国研究院来。

另外，我们要找最有潜力的人。在中国，因为信息技术起步较晚，所以，现阶段杰出的成果和世界级的领导者比起美国要少很多。但是，中国年轻人(如应届硕士或博士生)的聪明才智、数学基础及创造力等，决不输于美国人。所以，与其说我们是来中国找专家，不如说我们是来中国找潜力。对我而言，潜力包括：聪明才智、创造力、学习能力、对工作的热爱和投入。我认为这类的"潜力"比专业经验、在校成绩和推荐信更重要。

如何去判断这些方面的能力呢？在微软，我们有比较特殊的面试方式。每一次面试通常都会有多位微软的员工参加。每一位员工都要事先分配好任务，有的会出智力方面的问题，有的会考反应的速度，有的会测试创造力及独立思想的能力，有的会考察与人相处的能力及团队精神，有的专家则会深入地问研究领域或开发能力的问题。面试时，我们问的问题都是特别有创意的。比如，测试独立思想能力时，我们会问这一类的问题：

> 请评价微软公司电梯的人机界面。
> 为什么下水道的盖子是圆的？
> 请估计北京共有多少加油站？

这些问题不一定有正确的答案，但是我们由此可测出一个人思维和独立思考的方式。

每一位员工面试之后都会把他的意见、决定（必须雇用、应雇用、可雇用、弱雇用或不雇用）、已彻底探讨的方向及建议下面员工可探讨的方向，用电子邮件通知所有下面的员工。

最后，当所有的面试结束之后，我们会集体做总结，挑选新员工。我们通常是在获得全体同意之后才雇用一个人。但是就算全体同意，我们仍会问申请者的老师、同学或其他可能认识申请者的人的意见。若一切都是很正面的，我们才会雇用这位申请者。

这样的严格组织、谨慎态度和深入面试，代表了我们对人才的重视。经过这一严格的过程，微软中国研究院已经慎重地雇用了四十多名员工。

吸引，留住人才

很多人认为，雇用人才的关键是待遇。更多人认为，微软来到中国可以"高薪收买最好的人才"。确实，每一个人都应该得到适当的待遇，而在微软中国研究院，我们也会提供有竞争性的（但是合理的）待遇。但是，对一个研究人员来说，更重要的应是研究的环境。我希望我能够开辟一个特别吸引人的环境，包括：

1.充分的资源支持，让每个人没有后顾之忧；

2.最佳的研究队伍和开放、平等的环境，让每个人都有彼此切磋、彼此学习的机会；

3.造福人类的机会，让每个人都能为自己的研究所启发的产品自豪；

4.长远的眼光和吸引人的研究题目，让每个人都热爱自己的工作；

5.有理解并支持自己研究的领导，让每个人都能得到支持，在紧随公司的大方向的同时，仍有足够的空间及自由去发展自己的才能，追求自己的梦想。

所以，我认为如果只是用高的待遇，或许可以吸引到一些人，只有有一个特别吸引人的环境，才能吸引到并且长期留住所有最佳的人才。

在微软全球所有的研究院中，我们的人才流失率不到1%（美国硅谷的人才流失率在30%左右）。我在微软面试的时候，最大的感触是发现每一个人都特别快乐，特别热爱和珍惜他的工作。因此，我在中国给自己的一个目标，就是建立一个同样好的研究环境，让每个人都能在微软中国研究院，满足地追求自己的梦想，帮助微软开发重要的技术，更进一步帮助中国信息界的发展。

我的教育观
——融会中西、完整均衡

引　言

　　我从小在家庭中受到了浓厚的中国文化氛围的熏陶。十一岁来到美国时，我还是一个不太会讲英语的、腼腆、内向的中国孩子。在美国求学、研究、工作三十余年，我完全适应了美国人的思维方式，融入了美国的社会生活，并逐渐变成一个积极、开朗、善于交流、有领导能力的研发管理者。其间，我又有机会回到中国参与了微软中国研究院的创建，接触了一大批杰出的中国管理和研发人才。这样的经历让我成为一个深谙中西方文化、能适应现代社会发展趋势的人，同时也让我坚信，在今天这个"平坦"和"开放"的世界里，只有结合了中西方人才的优点，融会了中西方各自的先进思维方式，我们才能走在信息和网络时代的最前沿，也只有"融会中西、完整均衡"的教育理念才能真正提高教育水平、改善教育环境，才能培养出一批又一批可以帮助中国实现历史性跨越的国际化人才。

我一直想把这样的想法告诉每一个中国学生和每一个从事教育事业的人。早在《第二封信》中我就曾经提到过，我们要把中国人谦虚、坚韧等美德与西方的优秀思想、文化结合起来。写作《做最好的自己》一书时，我又对这一问题做了更深入的思考。我想告诉中国读者：我们到底要保留哪些优秀的中国文化，到底要吸收哪些先进的西方文化；当两种思维方式发生抵触时，我们该如何择善而从；在我的个人经历中，有哪些事情对学生、家长和老师可能有所帮助，有哪些重要的方法、理念可以为我们的教育事业提供一些参考和借鉴……

在此前二十余年的职业生涯中，我有幸参与了最先进的科研、教学与开发工作，指导了卡内基·梅隆大学最优秀的学生，亲身经历了苹果公司的辉煌与低落，体验了 SGI 的先进图像科技并见证了该公司的兴衰历程，还亲自创办了微软中国研究院，并在 2005 年重新回到中国，帮助谷歌公司开创并领导中国研发团队。作为一个同时拥有一流高校的教学经验以及一流公司和一流研发机构的管理经验的 IT 人，作为一个受益于中西方两种教育文化熏陶的成功者，我一直关注中国青年学生的成长环境，关注中国教育事业的发展状况，也非常愿意为中国教育事业尽自己的绵薄之力。

我想，如果要为中国教育事业出谋划策的话，我更希望与大家分享以下几点建议：

1. 中国青年一代非常优秀，但同时也急需引导和帮助；

2. 中国崛起的关键在于教育；

3. 中国教育的关键在于——如何将青年一代培养成为"融会中西、完整均衡"的国际化人才。

在本文中，我打算结合上述建议，以及我亲身经历过的真实事例，与读者一起分享一下我在二十余年的职业生涯中对相关问题的思考和探索。

充满希望的中国青年一代

1998 年 8 月，受微软公司董事长比尔·盖茨先生的委派，我来到北京，组建微软中国研究院并出任院长。当时，在公司内外，大多数人对在中国创办世界一流计算机科研机构的愿景持怀疑态度，但我却充满了信心。因为我相信，中国从来都不缺少优秀的人才，集海内外华人的智慧，这件事一定能取得成功。在不到一年的时间内，我找来了张亚勤、沈向洋、张宏江等一批在全球计算机技术领域卓有成就的学术带头人，并在国内找到一批极富潜力的青年才俊。在不到三年的时间里，我们成为亚洲最优秀的研究团队之一。2004 年，美国 MIT 的《科技评论》（*Technology Review*）把微软亚洲研究院评为"世界上最'火'的研究机构"。在北京的两年时间里，每一天都能给我带来无比的振奋，每一刻都能给我留下难忘的回忆。

2000 年 8 月，一纸调令，微软将我召回总部，任命我为全球副总裁，负责开创一个重要的产品部门。然而，在随后的日子里，中国所发生的一切总是让我时刻牵挂着那块充满生机的土地，牵挂着那些和我血脉相通的炎黄子孙。

中国的青年一代，尤其是大学校园里那些莘莘学子更是让我难以忘怀。曾记得清华园里的激情演讲，曾记得未名湖畔的尖峰对话，从南到北，从沿海到内地，我所走过的每一个校园，我所遇到的每一个年轻人都让我感慨万千。从年轻人的身上，我看到了朝气与活力，也看到了不安和躁动。我深深地感到，自己有责任也有义务为年轻人提供思想和方法上的帮助，让更多的年轻人从我自己的成功经验中汲取智慧和力量。

就是在这份责任感的推动下，在 2005 年之前的五年时间里，我虽然家居美国，却先后回国十五次，做了五十余场演讲，写了四封《给青年学生的信》，还创办了一个专门为大学生服务、与大学生交流的公益网站"开复学生网（www.kaifulee.com）"，在网上，我每天都与中国青年一起，探讨他们的成长之路，帮助他们排解心中的困惑和疑难。2005 年中，我花费十个月的时间精心写就的《做最好的自己》一书在人民出版社出版。该书很快就成为广受青年朋友们推崇的畅销书，无数渴求进步的中学生、大学生以及刚刚毕业的青年朋友给我发来了难以计数的信函和电子邮件。他们那一句句热情洋溢、充满激情的话

语让我意识到，我为中国青年和中国教育事业所付出的一切都是最
值得的。

中国的青年有过人的智慧、扎实的基础和勤勉的作风。但在中
国全面融入全球化、信息化浪潮的时候，如果能有一位掌握了成功法
则的良师为他们提供最贴心的帮助，让他们更积极、更勇敢、更自信
一些，那么，他们一定能在不远的将来成为国家的栋梁，为中国的崛
起贡献力量。

中国的青年非常优秀，但他们往往会处于极度的困惑之中，因
为他们面对着期望过高的父母、更注重应试教育的学校、老师以及过
于浮躁的社会心态。如果能有一位经验丰富的良师帮他们指明方向，
让他们能走得更稳健、更坚实一些，他们必将成为中华民族实现历史
性跨越的最大动力。

中国的青年是中国近百年来第一次能够接受先进完整的教育，
能够有时间、有条件专心读书，并有机会拥抱信息时代的天之骄子。
但在一个被全球化和信息化消弭了时间与地域差异的世界中，中国青
年必须成为融会中西文化的精英，只有这样才能在激烈的国际人才竞
争中脱颖而出。中国青年有幸出生在一个可以拥有自主的、广泛的选
择权的时代，但时代并没有为他们传授足够的、可以指导他们有效选
择的智慧。

出生于热爱中国的家庭，受教于进步的美国学校，我是一个跨
越中西文化的代表。我曾教导过勤奋的中国学生和积极的美国学生，

我看到了一个结合中外优势的绝佳机会。作为充分体验西方文化的炎黄子孙，我愿意做一个指路人，帮助中国青年远离困惑，步入卓越，我也愿意根据我自己在指导青年学生的过程中所积累的方法和经验，为其他致力于发展中国教育事业的人提供一些有益的借鉴和帮助。

中国崛起的关键在于教育

经过三十多年的蓬勃发展，中国人让全世界看到了一个理智、自信、充满活力的亚洲大国的和平崛起。从神舟五号的飞天梦圆，到2008 年相聚北京的奥运之约，从每年超过一万亿美元的国民储蓄，到全球最大的移动通信市场，在这些鼓舞人心的事实中，人们看到了中国巨大的市场前景、开明的治国方针以及勤奋、向上、坚持不懈的拼搏精神。

中国在制造业取得的巨大成功让世界惊呼：中国是名副其实的"世界工厂"；在美国沃尔玛、开市客（Costco）、塔吉特（Target）或梅西百货（Macy's）等著名的超级市场和百货商店里，将近 90%的商品都是"中国制造"；在加州最令美国人骄傲的信息产品商店 Fry's 所出售的商品中，有近 50% 来自中国；每天，横跨太平洋的超级巨轮源源不断地为美国市场带来不可或缺的各类供给品；中国电信市场的一项政策变化就会让美国高通公司的股票翻江倒海；一个在

1984 年成立的中国民办企业——联想公司居然收购了 IT 巨人 IBM 公司的 PC 业务……中国已经成为世界任何一个强国都必须高度重视的经贸伙伴。

但是，我们也必须清醒地认识到，虽然中国已经成为"世界工厂"，但在整个产业链条里，制造业的利润非常低，绝大部分利润流入了研发、市场、进出口、销售、运输等其他环节。形象地说：中国每赚 1 元钱，外国公司就可以赚 9 元。"劳心者治人，劳力者治于人"，这句中国古话恰如其分地反映出当代世界经济的核心规律。

今天的中国面临着一个重要的十字路口。未来的中国企业是继续从事着每 10 元中赚取 1 元的低端产业，还是能在每 10 元利润中获取 9 元？中国是继续作为世界工厂运转下去，还是会成为世界的研发中心？中国人将会是世界工人，还是会成为世界人才？中国是仅仅满足于经济上的成功，还是会在成功的基础上向卓越迈进，全面接近或超越美国的科技、教育和国民收入水平呢？

美国之所以能在 20 世纪里创造奇迹，一举发展为世界上最大的超级强国，固然是诸多综合因素作用的结果，但其中最主要的一个原因是教育。

美国的教育之所以成功，是因为美国建立了一个以人才为中心的良性循环机制。在美国，政府为教育和科研投入了大量经费，不遗余力地为人才成长创造良好的氛围；从教育、科研机构走出的大批人才带着大量世界领先的科技成果进入了美国大大小小的企业，帮助企业生产出最具竞争力的产品；在全球化的经济模式和客户至上的经营理念指引下，美国企业向全世界的客户销售产品，并由此创造出大量的财富；企业和国民的富足也必然导致美国政府收入的增加，这反过来又切实保障了政府对教育和科研事业的持续推动。

教育产生人才，人才催生科技，科技催生企业。教育、科技、企业的良性互动才能让国家强盛，而成功的人才策略才是这个良性循环中的关键所在。

因此，中国是否能从成功走向卓越，这主要取决于我们是否拥有当今世界最优秀的人才；而最优秀的人才来自于最优秀的教育。中华民族要想成为世界上最有创造力的民族，我们就必须努力发展教育事业，努力培养青年一代，因为只有最优秀的青年才是中国腾飞的希望所在。

为什么只有中国的青年一代才能担当此任呢？

首先，青年一代是高素质人才的代表。

20 世纪的中国是多灾多难的。直到改革开放以后，中国才终于拥有了稳定的社会和蓬勃发展的经济环境，直到三十多年前，才开始有一批年轻人接受了完整的教育。此外，三十多年前开始出国的留学生也慢慢地从国外引进了新的技术和思想。今天的青年学生是在这样的环境中长大的第一代中国人。他们是中国未来的希望。

今天，中国高等教育发展十分迅速，越来越多的年轻人在高中毕业后进入到高等学府接受教育。MBA、MPA 等西方现代管理教育机制将校园教育扩展到商业企业的继续教育之中。崇尚教育的热潮使青年一代很自然地成为社会的中坚力量和优秀分子，也只有青年一代才有能力承担起改变未来的责任，有能力在建设祖国、振兴中华的事业里扮演最为重要的角色。

其次，青年一代是信息时代和网络时代的生力军。

今天，整个世界处于一个巨大的转型期，互联网改变了人们传统的生活方式，网络成为人们主要的交流渠道，电子商务正在取代传统的商业模式，虚拟世界正在现实生活中发挥着越来越重要的作用。现实与虚拟世界的连接改变了人们的生活习惯和生活方式，人们在工作与生活中面对着多元化的选择。网络和技术让时间和空间也能相对转换。而青年一代是网络文化的创造者和积极推动者，只有拥有知识、技术、勇气和智慧的青年人才能最好地适应这个迅速转型的时代，能最快地融入新的文化氛围、交流方式和语言环境之中。

最后，青年一代是孕育国际化人才的"兵工厂"。

我们正在步入一个没有藩篱的世界，经济和科技的全球化、一体化浪潮要求我们培养出能够适应东西方两种文化环境的国际化人才。在海外归国的成功人士里，我们可以看到，那些接受了西方文化和科技的熏陶，同时又能将中国文化发扬光大的人可以在商业、文化和艺术上取得更大的成就。现在，越来越多的中国青年选择了走出国门，吸收和学习西方先进的思想和技术，他们最有希望成为真正的国际化人才，为中国与世界的交流贡献力量。

所以我们说，青年一代是中国腾飞的希望；是否能为青年一代提供最优越的教育环境，是否能将他们培养成为融会中西、完整均衡的国际化人才，这是中国崛起的关键所在。

培养融会中西、完整均衡的国际化人才

中国已经进入了 WTO 的大家庭，互联网和光纤将人与人方便地连接起来。无线网络、VOIP 等技术更是大幅增强了这个网络。电子邮件和办公室软件让人们能够相互合作。从工厂外包到软件外包，全球慢慢形成了一个国际化的人才市场。国际化的供应链则形成了国际化的工作流。

今天，世界经济和科技高度融和，全球化带来世界经济的一体化，我们培养出的人才需要接受东方和西方两种意识、哲学和文化体系的冲击。

另一方面，当东方国家在追求现代化和工业化的时候，西方人却在回归东方的价值理念。中国人今天更强调个性化和个人价值，而西方却在宣传集体主义。我们发现，过去东西方两极的人们的差别在慢慢地消失。这一件件事例在逐渐磨平过去长期存在的东西方之间的隔阂，我们也正在一步步走向人才国际化的现代理念。

什么样的人才才能成为最优秀的国际人才呢？这其中最重要的

有三点：以诚信为基础；融会中西；完整均衡。

以诚信为基础的价值观是做人之本、立业之基。

无论是中国人所说的"德才兼备，以德为先"，还是《圣经》里提到的"诚信比财富更有价值"，二者共同强调的都是基于诚信的价值观。一个人的品格高下直接决定了这个人对于社会的价值。而在与人品相关的各种因素中，诚信又是最为重要的一点。在未来的世界里，越来越多的工作都要以合作的方式完成，而人与人的合作必须以诚信为前提，这也是中西方文化都大力推崇的一个基础价值观。

融会中西是成为国际化人才的先决条件。

在不同的历史背景下，东方与西方形成了两种不同的文化体系。东方文化强调从上到下的管理和秩序，所以，中国人更讲究纪律、服从、谦虚、毅力等等，更加"有胸怀来接受那些不可改变的事情"；而西方文化则强调个人意识，强调平等和自由，所以，美国大学培养出的人才更善于创新，更讲求积极主动，也更加"有勇气来改变那些可以改变的事情"。两种文化各有优势，可以互相取长补短。融合了中西方文化精髓的国际化人才可以取得更大的成就。

例如，无论是在中国还是在世界其他地方，卓越的企业领导者在性格或行为上都兼具了中西方的特点。在中国，无论是吴鹰的冒险创业，柳传志的有效沟通还是张亚勤的积极进取，都说明了西方人积极和果敢的态度是最值得中国人学习的。类似的，在许多美国成功的企业家身上，我们也能找到鲜明的中国特色。无论是比尔·盖茨的谦虚谨慎，还是杰克·韦尔奇的锲而不舍，都证明了中国崇尚谦虚、强调毅力的传统美德也是非常值得西方人借鉴的。

完整均衡是走向成功的必由之路。

成为跨越中西方文化、兼具中西方优势的国际化青年不是一件很容易的事。对年轻人来说，最关键的是要努力使自己成为完整的、均衡发展的人才。无论在何时何地，青年一代都应重视自身综合素质的培养与提高，同时也应勇于接受不同的思想和文化，善于在复杂的情况下做出自己的选择和判断，在对立统一的两极中间找到最佳的平衡点。

为了达到完整、均衡的理想状态，青年一代既要"有胸怀来接受那些不可改变的事情"，也要"有勇气来改变那些可以改变的事情"，更重要的是"有智慧来分辨两者的不同"。要做到这一点，我们必须善于使用经验、智慧来做出精准的判断，以分辨什么时候应该满怀激情地、积极勇敢地面对问题，什么时候应该谨慎地、从容地服从或接受客观现实，什么时候应当坚持不懈、直面挑战，什么时候应当求同存异、权衡折中。

中国青年学生需要指导和帮助

我的经验告诉我，中国青年一代都有着聪慧的头脑和积极向上的进取心，但他们也经常会在学习和生活中陷入深深的困惑和迷茫。

从 1998 年第一次到中国大学演讲开始，我一直与中国高校的学生保持着广泛而深入的接触和交流。我几乎走过中国的每一所名校，曾经为微软中国研究院面试过数千位学生，曾在高校做过上百场演讲，与上万名大学生有过面对面的接触，通过网络回复了三千多位大学生的电子邮件，为近百位优秀留学生写过推荐信……这些接触和交流总是让我感触良深，它们还直接促使我创办了专为大学生服务、与大学生交流的"开复学生网"，以及推出了广受青年学生欢迎的《做最好的自己》一书。

在与中国青年一代的交流过程里，我逐渐认识到，中国的大学生和其他年轻人时常会遇到困难，他们其实非常需要来自社会各个层面的帮助。这种帮助应更多地体现在理想、道德、人生、心态、思想、方法等层面，而不能仅仅体现在考试、分数、名校、进修和就业等层面。这主要是因为：

来自家庭的压力让年轻人沮丧和悲观。

从家庭的方面看，家长们对孩子过高的期望值容易诱发复杂的社会攀比心态，这有可能让大学生、中学生甚至小学生过早地进入到一个盲目竞争的教育氛围里，从而忽视了沟通和表达能力的培养，丧失了学习和生活的乐趣。如果学习的目的仅仅局限于考试、分数、名校和出国，那么一旦某个环节出现问题，很多孩子就会变得极为沮丧和悲观，过早地失去青少年应有的天真和浪漫。

现实的教育环境与理想状况尚存在不小的差距。

从学校的层面来看，某些教师由于在一个封闭的环境中成长，其社会知识面比学生还要狭窄，他们无法给学生提供足够的、可以适应现代社会需要的知识和信息。此外，再加上能力评估体系不健全，高校教师往往热衷于争取科研项目和著书立说，有的教师甚至只想着如何赚钱，对教学不感兴趣。总的说来，中国高校的教育体制虽然取得了长足的进步，但中国的教师素质还是和世界一流大学的有着相当大的差距。

处于转型期的社会大环境可能会给年轻人带来负面影响。

快速发展的市场经济在给中国社会带来更多财富的同时，也不可避免地带来了较多的诱惑和不良风气，这些社会因素也必然会进入校园，给青年学生带来负面的影响。目前，一元化的追名逐利的思潮正在泛滥，这促成了某些学生的浮躁心态，进而产生了零和竞争、道德缺失等较严重的社会问题。中国青年一代在社会的转型期必然会遇到更多的困难和挑战。

很显然，面对过高的社会期望值、不善于沟通和交流的家长、过分强调应试教育的教育体系、参差不齐的教师素质、充满诱惑的社会环境、名利当头的价值取向，那些正处于高度可塑时期的青年一代最需要社会的帮助，也最渴望教育环境的改善和发展。只有建立起先进的教育体系，为青年学生提供与国际接轨的受教育环境，同时有更多的人无私地为他们提供思想和方法的指南，中国的青年一代才能更好地度过他们人生中最单纯美好、最富于幻想、最勇于创新的黄金时代，才能真正走向多元化的成功。

我深信，唯有将"融会中西、完整均衡"的教育理念根植于中国整个教育体系之中，更多学生才能够得到自信、快乐并成为最好的自己，中国和中国人才能够在这个世纪走向辉煌。

作为融会中西的代表，我有责任帮助青年一代

我出生于一个热爱祖国、重视东方传统文化的家庭，受教于崇尚自由和进步、体现了西方文化精华的美国院校——我是一个融会中西方文化的代表。我有责任也有能力为中国教育事业的发展尽一些绵薄之力。

我曾教导过勤奋的中国学生和活跃的美国学生，我了解中国和美国青年的性格特点和行为方式。我相信，每一个年轻人都一样，都需要面对社会的发展、环境的改变、人际关系的变化，并从中找寻成长的捷径、快乐的源泉和成功的道路。作为一个充分体验过西方文化的炎黄子孙，我有责任也有能力充当中国青年一代的指路人，帮助他们远离困惑，走向成功。

我心中一直在想，作为融会中西文化的典型代表，我有责任也有能力帮助更多的中国青年发挥他们的潜力。

我的美国教育

我第一次接触西方文化是在 1972 年。在父母的期待和鼓励下，十一岁的我来到了美国南方田纳西州的一个小城市。在这个只有两万人的小城市里，来自中国的小学生只有我一个。

第一年，由于听不懂英文，我完全是在半梦半醒中度过的。但我的老师从来不给我压力，而是给我很多正面的鼓励。例如，我不会英语，老师不但不嫌弃我，还利用午餐的时间教我说英语。后来，老师发现我这个听不懂英文的中国孩子有良好的数学天赋，就鼓励我参加田纳西州的数学比赛，结果我得了第一名。我在美国新接触到的教育方式以表扬和鼓励为主，这让我信心十足，在我幼小的心灵里播下了自信和果敢的种子。

凭借着自信和勇气，我很快克服了语言障碍。两年后，在一次州级写作比赛中，我居然获得了一等奖，当地的老师十分惊讶——这个刚适应美国生活的中学生居然还有人文方面的天赋。此后，我到芝加哥大学参加了暑期进修，参加了校学生会的主席竞选，创办了新的学生刊物，还在高中阶段创立了三个盈利的公司。六年后，那个曾经腼腆的东方男孩儿彻底消失了——我成为一个典型的、美国式的活跃而积极的学生。

在美国求学的日子里，我不断从亲人和师长的鼓励、教导中获得自信与自觉，从课堂学习和课下自修中汲取思想和知识，从失败中获取教训和勇气，从竞赛和挑战中品味成功的快乐，从活动和交友中体验积极和勇敢。后来，在大学里攻读学士和硕士学位时，我继续培养和发展我的美国式思维方式，同时理解了自修的重要，也认识到了兴趣才是人生的向导。攻读博士学位时，导师既要求我接纳、包容不同的思想与方法，也要求我培养严谨、求真的科学态度。

毕业后，在十多年的职业生涯里，我有幸参与了最先进的科研、教学与开发工作，不但指导了卡内基·梅隆大学最优秀的学生，还亲身经历了苹果公司的辉煌与低迷，体验了SGI公司的先进图像科技，并在微软公司提供的宽广舞台上取得了一个又一个的成功。

从苹果到微软，我历经了无数次机遇与挑战，在各种不同的职位上，我充分感受到，将最有价值的知识和方法用于技术研究或产品开发是一件无比快乐的事。我有幸在约翰·史考利、爱德华·麦可科拉肯、盖茨和鲍尔默身边学习领导的艺术，了解管理公司的秘诀，体验人才和公司价值观的重要性。我学会了该如何做一个受员工爱戴的领导者，以及该如何做一个受领导器重的员工。我也深深意识到，在世界一流的企业里，管理者最需要的是情商而不是智商。

最重要的是，通过在美国的学习和工作，我已经转变成了一个能够适应现代社会发展趋势、能够融会中西方思想精华的国际化人才。

来美三十载，我终于从西方文化这所大学校里毕业了。在未来的道路上，我仍会坚持使用中西方文化的精髓指引自己走向新的成功。

我的中国教育

我个人的成功是典型的中西方教育体系共同作用的结果。我的头脑是在美国经过了三十余位师友、同仁和领导的教诲与栽培，又在学术研究、产品开发、企业管理的实践中经历了无数次跌宕起伏后历练而成的；而我的心灵则深深地烙着中国传统文化的印记，是我的父母在我小时候用以身作则的方法培养和塑造出来的。

我的母亲孕育我的时候，已经四十四岁了。当时，周围有很多人劝她说，不要冒险在这样的年龄生儿育女，但她还是固执地将世间最可宝贵的东西——生命赐给了我。母亲从小就教导我们学习中国传统的思想和文化，要求我们恪守中国传统的礼节和德操。母亲对我期望甚高。小时候，每一篇课文、每一张毛笔字，母亲都会亲自督促我做到完美。每天早晨五点，母亲会亲自把我叫醒，送我上学读书，下午放学后又会亲自到学校接我。我读书不用功的时候，母亲会生气地把课本丢到门外；我读书有进步的时候，母亲会买来我最喜欢的历史小说作为奖励。

现在回想起来，我小时候最喜欢的事情就是躺在母亲怀里读书。那时候，如果有人问我最怕谁，我会马上回答"最怕妈妈"；但如果有人问我最爱谁，我也会毫不犹豫地回答"最爱妈妈"。正是这样一位严厉而又温和的母亲教会了我什么是严谨和务实，什么是品行和礼仪，什么是快乐和温馨，什么是忠孝和诚信。

我十一岁的时候，母亲果断地决定送我到美国读书。这对我是一个机会，而对母亲却是一个不小的牺牲。她不仅仅要让心爱的幺儿远离家乡，而且还要每年抽出六个月时间亲自到美国陪我读书。在伴读的六个月里，她要默默忍受语言不通、文化迥异的生活环境；而在分别的六个月里，她又嘱咐我每周用中文写一封家书，还帮我改正每封信中的错误，以提醒我永远不要忘记中国文化。

我很庆幸我有这样一位既传统又开放的母亲，她给了我两样最珍贵的礼物——生命和自由；我同样庆幸我还有一位正气凛然的父亲，他也给了我两样珍贵的礼物——无私的品格和对中国的热爱。

在我的心目中，父亲是道德和正义的化身。在父亲的书房中，悬挂着钱穆先生题写的"有容德乃大，无求品自高"十个大字，这是父亲终身的座右铭。在台湾贪婪和自私遍布政坛的时代里，父亲一身正气、两袖清风，从来没有拿过不正当的钱。父亲七十多岁的时候购买房屋的头款还是子女们拼凑出来的。当父亲服务的"立法院"业已演变成一个时常拳脚相向的闹剧舞台时，父亲毅然改行当了大学教授，并成为学生最爱戴的师长。

父亲一生心系家国，《大陆寻奇》是他唯一感兴趣的电视节目。父亲病危时梦见自己来到海边，在一块石头上捡到一方白纸，上面写着"中华之恋"。1994 年，父亲在弥留之际嘱咐我们，无论做什么都要想到中国，要力争为中国多做一些事情。父亲临终时，面容安详，嘴角带着微笑，但家人们都明白，他内心深处必定留下了极大的遗憾。他曾告诉儿女自己有一个未竟的计划，就是再写一本书，书名叫《中国人未来的希望》。

父亲把他最珍爱的东西——钱穆先生亲笔题写的条幅传给了我。每当我看到"有容德乃大，无求品自高"这句话时，就会回想起过去的事，同时又会激励我踌躇满志地憧憬未来。我渐渐明白，父亲是在以自己为榜样，无声地指引着我克服困难，走向成功。

我的父母用他们的亲身实践证明了融会中西方文化对于青少年培养的重要性，他们在教育子女过程中的一言一行都足以成为我们探讨教育方法、教育理念时的最佳参考——事实上，这么多年来，我自己关于中国教育以及帮助中国青年学生的许多思考和实践都是以他们为榜样进行的，我的父母永远是我心中最好的楷模。

写在最后的话

我的亲身经历告诉我，培养融会中西、完整均衡的人才是教育事业的重中之重。所有从事教育工作的人都应该从根本上认识到国际化人才培养理念及培养体系的重要性。

我希望所有人都能尽最大努力来帮助"中国未来的希望"——中国的学生和中国的青年，以最大限度地发挥他们的潜能。我希望中国的教育环境可以为青年一代融会中西方文化、学习完整和均衡提供最好的平台。我希望这个平台培养出的每一个青年学生都能够"用渊博的中国哲学培养自己的胸怀，去接受那些不可改变的事；用积极的西方哲学培养自己的勇气，去改变那些可以改变的事；培养和利用自己的智慧来分辨两者的不同"。

教育产生人才，人才催生科技——只有"融会中西、完整均衡"的教育理念才能帮助中国实现新的跨越。

美国大学启示录

引　言

　　与我 1998 年刚回中国时相比，今天中国的许多大学都已经在基础设施、教学环境、师资力量、办学理念等方面取得了不小的进步。但我们必须看到，我们的大学还不能像欧美优秀一流大学那样吸引到全世界一流的人才，在课程设置、教学质量、科研成果等方面与那些大学相比也还存在着一定的差距。我们有必要认真研究那些大学以及整个教育和科研制度的内在规律，有必要虚心向那些大学学习先进的教学经验和办学理念。教育是人才的基础，人才是科技的源泉。只有不断学习并不断改进中国大学的教育质量，我们的人才储备才可以成为科技发展的真正基石，中国的科技实力才能得到最大程度的提高。

　　为了更好地向学生和老师们介绍美国大学的办学经验，以及美国教育体系与科研之间的相互关系，我于 2004 年写出了《美国大学启示录》这篇文章。文章中列举了美国大学之所以能取得巨大成功的五大理由，同时也谈到了美国大学教育体系中存在的若干问题。我认为，美国大学的最大优点在于：教授可以受到最高的尊重，有最好的待遇；国家鼓励并支持大学开展科研工作；有很好的科研转换及教师晋升机制；教师在美国是令人羡慕的行业，等等。文章中论及的内容非常有针对性，同时也为中国大学提供了一些有益的建议。

　　文章先后在《科技日报》等媒体发表，为中国大学教育的改革贡献了一些绵薄之力。因为写了包括本文在内的许多关注大学教育、帮助青年学生的文章，《南方人物周刊》将我评选为2004年最有影响力的人物之一，并给予了我很高的褒奖。当时，组委会给我的评语是："心系内地大学改革和内地大学生，教他们如何为人处事，教他们如何做一个真正的中国人。"

　　今天，美国大学的实力雄踞世界之首。美国的高等教育不仅是国家向公民提供的一项福利，也是创造社会财富的优良动力。美国卡内基小组的研究表明，美国的经济实力有50%是从它的教育制度获得的。拥有了世界一流的高等教育，美国才能拥有大量的自主知识产权、影响深远的杰出学者和强大的知识经济，才能成为科技强国。

　　然而，美国高教并不完美。美国在过去一百年中有许多措施、政策、制度、思路值得效法，但近二十年来也呈现出流弊日滋的景况。

本文的目的在于分析大学对美国发展的重要贡献，探讨美国大学成功的根本要素，以及近二十年来显现出的弊端。《老子》说：知人者智，自知者明。但愿本文对美国大学体制成败得失的分析能为寻求中国教育制度进步的人们提供一种参照。

美国大学成功的五大理由

美国作为世界公认的科技强国，拥有世界 50% 以上的学术论文、诺贝尔奖得主和专利。美国之所以强大，很重要的原因就是它拥有为数众多的世界一流学府，它们吸引着全世界最优秀的学生负笈美国，一俟学业完成，这些学生很多都留在美国，成为美国支撑其科技强国地位的砥柱。

美国用世界上最优秀的大学吸引世界各地的最有潜质的学生到美国学习，再用它强大的企业将这些人才中的大多数留在美国本土。在微软、IBM、苹果等美国高科技企业中充满了来自中国、日本、韩国、印度、加拿大、法国、英国等国家的拔尖人才。这些异域精英们为美国的科技和产业发展提供了坚实的人才基础。

美国大学的成功有五大理由：（1）英明的政策；（2）灵活自由的教学方式；（3）严格的教师录取、晋升、管理制度；（4）在进步中求稳定的思维；（5）私立大学奇迹般的崛起。

英明的政策

1862 年，美国正着手开发西部，一位有远见的参议员 Justin Morrill 为了提供落后地区的农工人员受教育的机会，推动实施了《赠地法案》，由政府提供免费土地用以创办新的"赠地大学"。这个法案使每个州分别获得三万英亩土地，《法案》还允许大学将这些土地变卖，用卖地之资作为学校经费。

随着美国的社会财富日益雄厚，国家对大学的经费投入也逐步增加。见到德国的研究型大学获得成功，莫里尔（Morrill）和其他参议员又推动实施了新的法案，追加了研究经费和新学科教学的经费，以促成研究和教学并重的"研究型大学"。

尽管有了这些英明的政策和充裕的经费，20 世纪初美国的科研和大学仍然落后于欧洲。这时的美国，需要的是一个契机。历史没有让美国人等得太久。二战期间，在美国国家防务研究委员会主任范内瓦·布什（Vannevar Bush）的领导下，有六千名科学家机密地进行了大量的科研工作（包括影响深远的对原子弹、雷达、解密算法、导弹和青霉素的研究）。二战结束，布什调任国家科学研究与开发办公室主任。他提交给罗斯福总统一份名为《科学——无尽的战线》（*Science, the Endless Frontier*）的报告，阐述他设计的一整套国家扶持科技，利用科技创造财富的机制，其主要内容如下：

大幅度提高科研经费。科学研究是国家强盛、人类进步所必需的，政府有责任支持、资助这个领域。从 1940 到 1990 年，美国的研究经费涨了 4000 倍。2000 年，美国联邦政府在科学研究方面的支出超过 380 亿美元。

把国家科研下放给大学。布什的主要方案之一就是"合同制联邦主义"（Federalism by Contract），其实质就是联邦政府自己不设立研究机构，而是通过签订研究合同的方式，把科研任务交付给大学或私营公司。他与 41 所大学 / 研究机构、22 家公司签订了二百多个科研合同。美国除了少数的国防机密项目，绝大多数的科研经费都经过美国国家科学基金会、国家卫生基金会、国防部高科技组织、海军研究办公室等提供项目，通过竞争方式下放给研究型大学和其他实验室来操作。

引导国防科研产业化。二战时发明的很多技术都有巨大的商业价值，布什力主由大学（像麻省理工学院的 Lincoln Lab，加州理工学院的 Jet Propulsion Lab）来做这些技术的下一步科研工作，然后经过国防承包商（像波音、Lockeed、BBN）将这些技术产业化。这一系列措施催生了世界一流的大学和公司，巩固了美国作为世界第一科技大国的地位。

美国当局从谏如流，布什报告中的三点从此为美国现代科研政策定下基调。

《科学——无尽的战线》所力倡的开放式科研和苏联的集中式科研理念上截然不同。美国的开放式科研，由大学负责创新，由企业负责产业化，每一项发明都能充分发挥它的潜力，同时也为大学和产业带来了无比巨大的推动力。

布什这些明智的政策使得大学在经费上富可敌国（实行"合同制联邦主义"的初期，麻省理工学院就得到一亿美元的经费），大学里面群英荟萃。从此，不但美国大学后来居上超过欧洲，美国的高科技（航天航空、医学、计算机、操作系统、网络……）也迅速产业化，创造了无比巨大的财富。另一方面，大学教授和毕业生创业成功后，将他们的知识和财富重新输入大学，形成生生不息的良性循环。

在此，我们不能忘记这个伟大进步的功臣：英明的官员。范内瓦·布什就是其中最卓越的典范。他本人不仅是政府官员，也是独具慧眼的战略家和卓越的科学家。他在1931年研制成功的"微分分析仪"（Differential Analyzer），是电子计算机的鼻祖。他在1945年写的《诚如所思》（*As We May Think*）一文，预测了未来计算机、数据库、数位相机、语音识别、Internet等功能，有人因此称他为"电脑之父"。布什曾任麻省理工学院的副校长，曾创有名的Raytheon公司，也是美国专利系统的创始人之一。如果布什没有步入仕途，他很可能获得诺贝尔奖。然而，作为运筹帷幄的政府官员，他对美国社会的贡献远远超过大多数诺贝尔奖得主。他的例子昭示我们，教育、科研和经济的进步不但需要大量经费投入和开明的政策，也需要具备大师智慧的政府官员。

灵活自由的教学方式

美国的教学方式非常灵活，风格上跟欧洲大不相同。教师和学生在直截了当的氛围中交流思想、学习知识。无论是在小学、中学还是大学，美国教师一般不会对学生进行大量的知识灌输，而是采用实验、案例、讨论、互动交流等丰富生动的方式提高学生学习的积极性。

在美国的大学中，教师鼓励学生追逐兴趣而不是追逐"热门"，开明的校规也允许学生根据自己的兴趣转系。我刚进大学时想从事法律或政治工作。一年多以后我才发现自己对法律没有兴趣，学习成绩也只属中等，但我爱上了计算机。我每天疯狂地编程，很快就引起了老师、同学的重视。终于，大二的一天，我决定放弃此前一年多在全美前三名的哥伦比亚大学法律系已经修得的学分，转入哥伦比亚大学藉藉无名的计算机系。若不是开明的校规允许我转系，今天我就不会拥有计算机领域的成就，很可能只是在美国某个小镇上做一个既不成功又不快乐的律师。

在美国的大学，教师还非常注重培养学生独立思考的能力，鼓励学生大胆提出自己的设想和建议。我读书时，曾提出与导师的思路截然不同的技术方案。当时我的导师说："我不同意你，但是我支持你。"他的鼓励最终促使我沿着自己的道路获得了成功。这种因材施教、鼓励创新的教育理念再好不过地体现了美国教育思想的先进性。

严格的教师录取、晋升、管理制度

美国的高等院校大多拥有一流的师资，可谓大师云集。在美国社会，大学教授是知识分子梦寐以求的职业，有着很高的社会地位和优渥的待遇。优渥的待遇保证了师资质量，优良的师资带来学生对老师的尊崇，学生的尊崇又使老师社会地位提升，结果是待遇又继续提高，从而形成大学师资的良性循环。

在麻省理工学院或斯坦福大学这样的一流学府，一个教授职位常常有上千人同时申请。当一名青年教师，击败了上千名竞争对手，进入斯坦福大学做助理教授后，他只得到一纸为期七年的聘书。七年后他有 50% 的机会得到"终身职"，得以终身留在学校。但是他也有 50% 的可能得不到"终身职"，必须放弃成为教授的目标，甚至失业。这样苛刻的条件下一个职位仍有上千人申请，我们可以想象教授在美国是多么令人向往的工作。

"终身职"制度有两个目的。第一，确保教授合格。获得"终身职"教授职位极为困难。申请者需要做多项独立科研、在高水平的期刊发表文章、成功地指导博士生，再经过严格的师资评审制度，由同行教授进行客观考评，仔细衡量对科研的实际贡献，加上学生的评语等，然后才能证明其"终身职副教授"的资格。如此高的门槛，既保证了教授的质量，也保证了教授的社会地位。第二，保障思想自由。一旦获得"终身职"，学校不能因为思想偏激或攻击学校、政府而解雇教授，等于提供"终身"保障。

此外，美国高等院校在管理上强调专注于教育和基础研究，不鼓励大学办企业、不鼓励教授拿过多的横向项目，以免影响教学质量。大学教授本来就有丰厚的薪酬，还可以每周抽出一天做待遇不菲的"顾问"工作，更可以选择时机留职停薪到社会上创业。所以美国教授没有后顾之忧，也能够公私分明，把在校时间全力投入到科研和教学中。

在进步中求稳定的思维

19 世纪以前，欧洲的大学主要训练的是教士和政治家。在前现代社会，人们心目中世界是稳定的，并且从根本上讲是已知的，如果说还存在未知的部分，那也一定可以从已知的知识出发推导出来，因为秩序是一以贯之并且无所不在的。未来在某种意义上被想当然地认为是历史的重演，人们从未设想过这个稳定的世界秩序会存在被颠覆的危险。在这种历史背景下，教育的目的是传授固定的知识。大学最重要的品质是稳定。

自 19 世纪以降，世界发生了深刻的变化。工业革命、信息革命、医学革命带给了人们希望，核子武器、恐怖主义、环境危机、能源危机带给了人们恐惧，两次世界大战动摇了人类对自身智慧和理性的傲慢……随着伦理、道德、信仰、哲学、科学的深刻变化，人类开始意识到，未来将不再是过去的重演。这种时代趋势给教育带来深刻的影响。从此，教育的指向不再是重复僵硬的知识或真理，而是创新。而大学最重要的品质也不再是守旧的稳定，而是迎着风险追求进步。

就在古老的世界因创新而变得年轻的转折关口，美国的大学把握机会，在"进步"的旗帜下，在胸有韬略的教育家领导下，超过了欧洲以"稳定"为要的大学（德国的大学是一个例外）。美国本是一个多元文化大熔炉，美国的大学为了进步敢于创新也愿意模仿。很好的一个例子是19世纪在德国柏林大学这种研究型大学大获成功的启发之下，美国的大学迅速将德国模式融入美国本土教育，再加上政策的支持，很快青出于蓝，超过德国研究型大学的成就。另一个例子是MIT最近以一亿美元总经费计划将2000门课程（包括课本、演讲稿、笔记、习题、答案等）无偿地在网上公开。这不但代表了MIT拥抱网络技术和远程教育的进取心，更显示了它不惧风险，并对蝉联世界工科领导者地位的无比信心。

在处理进步和稳定的关系问题上，美国大学提供了值得效法的范例。加州大学校长克拉克·克尔（Clark Kerr）曾说："进步和稳定都重要，但是我深信进步比稳定更重要，因为唯有进步才能带来真正的、长远的稳定。因此，当两者有冲突时，我们应该放弃稳定而追求进步。"在过去的一百年中，美国奉"在进步中求稳定"的理念为圭臬，终于后来居上地超过欧洲老牌大学，令全世界为之瞩目。这个理念，正是美国大学至关重要的成功秘诀。

私立大学奇迹般的崛起

美国的大学可分五类：

私立大学——这类大学是在有理想的成功人士捐赠的基础上建成，归私人所有，由董事会管理。这类大学不以盈利为目的，股东不得获取利润分成，所有收益用于学校发展及提高科研教学水平。

公立大学——如各州立大学，完全由政府出资，满足公民接受高等教育的基本需要，体现了教育资源利用的公平性、正义性和便利性。

教会大学——出于宗教目的，由教会拥有，补充社会基本教育条件并服务宗教目的。

公立社区大学——提供低学费的两年制学位教育，瞄准那些无法进一流大学的学生。也有的学生为了省钱，先读两年社区大学再转学到公立或私立大学。

私立职业大学——以营利为基本目的，相当于企业或者公司，这类大学一般收费较高、办学水平较低，类似中国现有的许多民办大学。

一个突出的现象是，最优秀的大学中大约有 85% 都属于上面第一类，即私立大学。这一点从美国新闻和世界报道的排名①也可以看出：

---

① 此为本文写作时的情况。

总体排名（美国新闻和世界报道）		
本科	**商学院**	**工程**
1　哈佛大学	哈佛大学	*麻省理工学院*
2　普林斯顿大学	斯坦福大学	*斯坦福大学*
3　耶鲁大学	宾州大学	*加州大学伯克利分校*
4　麻省理工学院	麻省理工学院	*伊利诺伊大学*
5　加州理工学院	西北大学	*乔治理工学院*
6　杜克大学	哥伦比亚大学	*密歇根大学*
7　斯坦福大学	杜克大学	*加州理工大学*
8　宾夕法尼亚州立大学	*加州大学伯克利分校*	*普渡大学*
9　达特茅斯学院	芝加哥大学	*得克萨斯大学*
10　华盛顿大学圣路易斯分校	达特茅斯学院	卡内基·梅隆大学

高科技学科领域领先的学校		
生物工程	**计算机科学**	**计算机工程**
1　斯坦福大学	卡内基·梅隆大学	*麻省理工学院*
2　哈佛大学	麻省理工学院	卡内基·梅隆大学
3　麻省理工学院	斯坦福大学	斯坦福大学

（注：图中斜体为公立学校，其他为私立学校。）

　　这些私立大学都是常说的"研究型大学"，它们不但提供优质的教育，而且做一流的研究。尽管公立大学拥有政府的资助，私立大学和公立大学之间的差距还是越拉越远。私立大学不仅仅是成功的学府，还成为产业的核心：硅谷的崛起归功于斯坦福大学；波士顿周围高科技产业的兴旺则依靠麻省理工学院。

为什么美国能打破过去公立大学一方独霸的局面呢？是什么让私立大学成为美国高等教育的核心力量呢？美国的研究型私立大学的成功具备下列四个重要条件：

有理想的慈善家：上面表格中的每一所私立大学都是用爱国的慈善家（如卡内基·梅隆、斯坦福、洛克菲勒、哈佛）的捐赠创立的。其中洛克菲勒除了捐赠多所大学，还提供了研究资金，在政府尚未看到微生物学的潜力时，他一掷千金，支持加州理工学院等学校创设这个重要的学科，令美国抢得学科发展的先机。

雄厚的私人捐赠基金：经过多年苦心经营，一流的私立大学培养了大批成功的杰出校友，这些校友又对学校慷慨解囊，帮助学校累积了富可敌国的财富，这就是所谓的基金。以哈佛大学为例，它的基金高达一百多亿美元，而且每年都有盈利。用这笔钱，学校给优秀的学生提供全额奖学金、出最高薪挖来最好的教授、无偿地把课程放在网上、建立科学园区……

雄才大略的校长和富有特色的大学：这两者相得益彰，密不可分。雄才大略的校长用自主的办学方针和鲜明的办学特色带领学校达到卓越。每个学校都有它的个性，它们不是枯燥的生产线造出来的陈陈相因的货品，也无法用从第一名排到最后一名的线性思维论定座次。很经典的例子是丹尼尔·吉尔曼（Daniel Gilman），他作为约翰·霍普金斯大学的首任校长，以研究型大学为理想，在短期内创造了奇迹。除此之外，还有雄才大略的校长和计算机系主任把卡内基·梅隆大学铸造成一个以 IT 革命为宗旨的学校；加州理工学院的校长和副校长把这所原来表现平平的研究所改造成小巧精悍的理工大学；麻省理工学院邻近哈佛，所以决意发展工科，最终修成正果；西北大学的骄傲则是它排世界第一的商学院；伯克利树立了蜚声世界的自由开放学风……每一所有特色的学校都吸引有特色的人，他们在适合的学校环境里尽情发挥，形成人尽其才，各施所长的局面。

灵活高效的运作：私立大学在成本控制、运作效率、吸引学生及响应社会需求方面，都比公立大学灵活和有效得多。私立大学不受美国政府政策的限制，也不用每年苦等年度经费，因为私立学校的资金来自基金会，得以像私人公司一样灵活地运作。它们能够以更大幅度的高薪来挖研究大师，提供研究启动经费，它们可以创设新的学科，这种灵活运作的方式正是市场经济的独到之处，因此私立大学可以达到高质量的教学水平，培养高素质的学生。而且，更自由的环境也更能吸引人才。一所大学的成败取决于能否吸引杰出人才，而杰出的人才向往灵活和自由的环境。

美国大学面临的五大弊端

对于改革中的中国教育，美国一方面是很好的典范，但同时也要看清今天美国大学的弊端。

今天的美国大学有下列五大弊端：（1）"终身职"制度造成教授

不思进取 ;（2）学费经费失衡导致"大学行销竞争"和"营利型大学"泛滥 ;（3）院系贫富悬殊、校方大权旁落 ;（4）研究型教授身价暴涨、优秀教师饭碗不保 ;（5）一流学府垄断格局日趋僵化。

"终身职"制度造成教授不思进取

"终身职"制度用较高的门槛来遴选教授是很正确的做法，但是"终身职"也对美国教育产生副作用 : 得到"终身职"之后，一些教授便高枕无忧，不再努力工作。有些教授高踞其位，其实已半退休，要么就在外创业。这是因为，教授在得到"终身职"后就不再有约束，制度上无法促使他们竭尽全力地担当起对学校和学生的义务和责任。如果在企业，无论职位多高，做得不好，依然会被降薪、降级，甚至解雇。相形之下，大学也应参照企业管理的方式，才能确立令人信服的公平竞争。

学费经费失衡导致"大学行销竞争"和"营利型大学"泛滥

伯克利教授大卫·科伯(David kirp)的《莎士比亚、爱因斯坦与底线》(*Shakespeare, Einstein, and the Bottom Line*)一书批评了美国的大学由于近年政府经费削减而产生的学费暴涨。为了生存，很多学校采用行销手段推销自己。行销本身不是坏事，在学费、经费问题无可回避的情况下，适当地融入行销手段有其必要性。但是，有些大学采取夸大、不实的行销手段，不惜通过投机甚至作假来提高排名和提升大学品牌。

此外，很多大学忽视基础学科，因为基础学科拿不到经费。很多大学在雇用校长、副校长时忽略学术和管理能力，而主要看他们的行销能力。这一点已经成为美国教育系统的重大隐患。

正当主流大学遭遇经费问题时，一批盈利型大学乘虚而入。这些学校（如 Devry University, Phoenix University, Jones International University 等等）以中专水平僭称"大学"名号，竟然门庭若市，很快积累了数十万学生。分析这些学校发迹的门路，不难看出端倪：他们拿不到国际认证，就拿州立或市立认证，照样可以得到政府的补助；它们得不到媒体的好评，就在电视上大做广告；它们吸引不到优秀学生，就降低入学门槛；它们为了提高利润，就以最低的代价，最少量的课，最少的专业教师，通过网络教学……这些盈利型大学利用主流大学的危机大发了一笔横财。Devry 大学的控股公司已在纽约股票市场上市，市值为 15 亿美元，总裁每年收入 180 万美元。然而，看到大学文凭贬值，教育沦为商人掠夺纳税人尤其是贫苦学生的摇钱树，人们不禁要质问：公理良知何在？教育作价几何？

院系贫富悬殊、校方大权旁落

为了提高各个院系争取经费的积极性，很多美国大学降低学校"提成"，缩减校方的权力，而把权力下放给院系。这造成了冷门院系经费捉襟见肘，热门院系却财源滚滚的局面。例如，伯克利大学为了大笔研究经费，开始做不开放的研究。南加州大学推行"资源管理下放"的管理制度，要求各学院自负财务盈亏，导致课程变质，院际公共设施的经营品质下降。

此外，院系独立还导致校长大权旁落。今天，我们已经很难看到像过去哈佛的艾略特校长、约翰·霍普金斯大学的舒曼校长、芝加哥大学的哈珀校长那样的集社会理想与胆识气魄于一身的教育家。

研究型教授身价暴涨、优秀教师饭碗不保

另一本题为《大学之用》(The Uses of the University) 的书，作者是加州大学校长克拉克·克尔（Clark Kerr），分析了美国大学荒废教学的深刻危机。随着大学经费日甚一日地仰仗科研经费，研究与教学并重的大学已变成重研轻教。目前，一个大学或者院系的品牌取决于它有没有一流的研究型教授，这使得大学以天价去挖研究型的明星教授。纽约大学在五年内挖来的法学和哲学明星教授使它有两个系从原先不列名跃升到前三名。然而，大牌明星教授最大的问题是都不愿意教学。于是，纽约大学又只好聘来大批"教匠"应付教学之需。大牌明星教授年薪可以高到一年二十万美元，而"教匠"教一门课只有三千元，而且不算学校正式员工。如果"教匠"所授课程明年冷门了，他将彻底失业。

很多美国名校的学生都认为教授只关心研究，不关心学生的学习。最终吃亏的还是学生，尤其是本科生。

一流学府垄断格局日趋僵化

上述四点弊端，倘若出现在五十年前或一百年前的美国，很可能会被某个慈善家或教育家通过开创或改造一所大学而得到改进。但在今天，这样的变革契机已经不复存在，因为"一流私立大学"的市场已被垄断。这就是第五大弊端。

这种垄断除了靠私立大学的品牌、师资、研究，还有一个重要的镇山之宝，那就是它们的基金。哈佛、斯坦福等大学都有超过百亿美元的基金。仅仅这个基金的利息就已经超过很多学校多年的经费。只用利息，学校就可以雇最好的教师、补足不够的经费或者进行扩张。实际上，它们甚至根本不需要动这笔"老本"，这些私立大学凭他们的品牌和实力就能拿到天文数字的科研经费，基金只会年复一年像雪球般越滚越大。

二流学校根本不可能与这些垄断市场的一流学府竞争，也不再会有慈善家敢于拿钱来和他们竞争（谁愿意投资几百亿，并且惨淡经营几十年后也只能达到"准一流"的档次？何况名校出身的慈善家对自己的母校都很忠诚）。因此，约翰·霍普金斯大学、芝加哥、斯坦福挑战哈佛的历史将不会重演。由理想的教育家和慈善家共襄盛举缔造历史的时代已经远去。现在，一流大学的作风和政策早已固定，在没有挑战的情况下，很难出现任何改革。

寄语中国

中国正在成为世界经济强国，美国大学的利弊得失对中国来说具有重大借鉴意义。就中国的发展目标而论，中国必须拥有自己的世界一流的学府——无论这个目标有多困难，这都是一个必须完成的任务。

面对这个任重道远的目标，有人夸下海口，声称 2020 年应可达到；也有人冷言相讥，斥为比超英赶美还不现实。我个人认为这是一个极其困难，但是绝对可以达到的伟大而实用的目标。作为一个科学家和工程师，我深信任何伟大而实用的目标都不该靠闭门造车，而应在实际问题的考验之下，在吸取他人经验教训的基础之上寻求发展。

目前，中国的大学在师资、体制、管理系统等方面都与世界最优秀的学府存在距离。若想步入一流，从美国的经验和教训看来，我认为中国必须本着"在进步中求稳定"的思维，增加科研经费投入，革新大学管理系统，改变教学方式，并重研究和教学，推进产学研结合，打击由教育获暴利的行为，鼓励有特色的大学良性竞争，并且鼓励创办一流私立大学。如果这些措施果真能够采纳，想来月华如水，桂子飘香的金秋时节，我们是可以期待的。

大学生活琐忆

引　言

这篇短文是应《中国大学生》杂志编辑王肇辉的请求而写的。

最初，我只想写一些有关自己、有关大学生活的趣事，以便在9月份学生开学时发表出来与大家分享。但文章写成后，我发现其中不但谈到了许多值得回忆的大学往事，也谈到了一些可供当代大学生们思考和借鉴的经验甚至是教训。例如，沉迷于游戏对于学业是如何危险，为什么发现并追逐兴趣才是最重要的，大学中的社交活动以及由此建立的友谊为什么如此重要，大学期间为什么容易与朋友建立终生友谊，如何在打工中学习，等等等等。这些经验不但使我自己在走出大学校园后仍能长期从中受益，我想，即便对今天的绝大多数学生来说，它们也是非常宝贵的。

破灭的哈佛、法律、数学梦

上大学前，我的梦想是做一个哈佛人。我有这样一个梦想，一是因为那个笼罩着哈佛大学的光环，也因为我一直把学习法律当做我的目标，并把学习数学当做我的"后备"，而哈佛的这两个专业都是全美最好的。1979 年的 4 月，一封拒信打破我的这个梦想。至于原因，我估计是因为我的 SAT 英语成绩太差了，只有 550 分（如果当时有新东方，可能就不是这个结局了）。

在申请大学的时候，我清楚地知道自身条件有不足，不能保证一定能上哪所大学，所以我一共申请了十二所学校，这样，我觉得才能把主动掌握在自己手里。回想当时，我的老师们可能都快恨死我了，因为申请大学的材料中需要老师给学生写的推荐信，而对我，他们要一下子写那么多份（当时没有电脑，每封推荐信都需要老师亲手写成）。

最后，我进入了哥伦比亚大学，这是一所很好的学校，法律系和数学系也很有名。哥大给学生很大的发展空间，允许学生学习的课程范围很广。我在大一的时候，大部分时间都在学美术、历史、音乐、哲学等专业的课程，接触了很多东西，我觉得这是找到自己兴趣的机会。直到今天，我还记得哲学系的一个老教授说的话："知道什么是

make a difference 吗？想象有两个世界，一个世界中有你，一个世界中没有你，让两者的 difference 最大，这就是你一生的意义。"

再来说说我的哥大法律梦。当时，我主要学的是"政治科学"（Political Science），属于一种"法学博士预科"（Pre-Law）的专业。但是，上了几门"政治科学"的课后，我发现自己对此毫无兴趣，每天都打不起精神来上课，十分苦恼。其中一门课实在太枯燥，我基本上每堂课都在睡觉，唯一的选择只是在教室里睡还是在宿舍里睡。睡到学期过半后，我的平均成绩勉强够得一个 C，我赶在限期的前一天把这门课退掉，才避免了因为平均分不到 3.0 导致助学金被取消的灾难。

我向家人提起学习法律的苦闷时，他们都鼓励我转系。姐姐说："你不是高中时就把大二的数学读完了，还得了全州数学冠军吗，怎么不转数学系？"但是，这又让我碰到了我的第二个苦恼。进入大学后，学校就安排我加入了一个"数学天才班"，那里集中了哥大所有的数学尖子，一个班只有七个人。但很快，我就发现我的数学突然由"最好的"变成"最差的"了。这时，我才意识到，我虽然是"全州冠军"，但是我所在的州是被称为"乡下"的田纳西州，而当我遇到了这些来自加州或纽约州的真正的"数学天才"，我不但技不如人，连问问题时都胆怯了，生怕我的同学们看出我这个"全州冠军"的真正水平并不怎么样。这么一来，我就越来越落后，到今天我对这门课还是"半懂不懂"（这又是一个"沉默不是金"的证明）。

当我上完这门课后,我深深地体会到那些"数学天才"都是因为"数学之美"而为它痴迷,但我却并非如此。一方面,我羡慕他们找到了最爱;另一方面,我遗憾地发现,自己既不是一个数学天才,也不会为了它的"美"而痴迷,因为我不希望我一生的意义就是为了理解数学之美。

就这样,我与我向往的哈佛、选择的法律、自豪的数学——挥别。

因为懂计算机成了校园里的牛人

失去了哈佛、法律、数学,我的未来之路将往何方? 幸好还有计算机。

其实,我在高中时就对计算机有很浓厚的兴趣。高中时我很幸运,学校就有一台古董的 IBM 机器,当时是 1977 年,计算机还需要靠打卡片的方式使用(就是先在一张一张的卡片上打洞,然后再把这一叠打了洞的卡片输入电脑)。有一个周末,我写了一个程序,让它去解一个复杂的数学方程式,然后把结果打印出来。因为机器运行速度非常慢,写完程序后我就回家了。周一回到学校,我突然被老师叫去骂了一通说:"你知不知道我们所有的纸都被你打印光了! "原来,这个数学方程式有无数的解,周五我走后程序一直在运行,也就一直源源不断地在打印结果。当时的打印纸都是每张连在一起的厚厚一叠,而这样一箱纸可能要花掉学校几十美金,结果被我一个程序全部打光了，老师当然很生气。

　　大一时，我很惊讶不用打卡片也可以使用计算机，而令我更惊讶的是这么好玩的东西也可以作为一个"专业"。于是我选修了一门计算机课程，得到了我进入大学后的第一个"A+"。除了赢得老师、同学的赞扬，我还感觉到一种震撼：未来这种技术能够思考吗？能够让人类更有效率吗？计算机可能有一天会取代人脑吗？解决这样的问题才是一生的意义呀！

　　大一期末，我找到一份工作，是在计算机中心打工，他们会按时间付点钱给我作为酬劳，虽然不多，但也是一种鼓励。同学们有什么计算机方面问题都会来找我解决，而且当时"会计算机"在学校里是一件很时髦的事情，大家都觉得这个人太酷了。甚至那时候我的ID都跟别人不一样：一般人的ID都是"院系名＋姓名"，比如学计算机的就是"cs.kaifulee"，学政治的就是"ps.kaifulee"，而我的是"cu.kaifulee"，cu代表哥伦比亚大学，哥伦比亚＋李开复，和校长一样，多牛啊！

　　当然，我也做了很多无聊的事情，比如做程序去猜别人的密码。那个时候，大家还不知道密码是可以被破译的，当我"黑掉"别人的账户以后，就用他的名义发一些恶作剧的信。有一次，我用一位男同学的账号在BBS上发了一个"单身女郎征友"的启事，害他莫明其妙地收了一堆情书。这位同学现在也在北京工作，估计他到今天还不知情，下次见到他我一定要记得告诉他，那个启事是我发的。

　　当时，哥大法律系在全美排名第三，而计算机系只是新设的一个专业，如果我选择计算机这个基础不是很厚重的专业，前途看起来并不很明朗。如果选择法律系，我的前途大概可以预测到：做法官、律师、参选议员等等。因为在我之前有很多范本，我可以照着规划。而选择计算机专业，我甚至连将来要做什么都想不出来，当时也没有软件工程师这种职业。但是，我想的更多的是"人生的意义"和"我的兴趣"（做一个不喜欢的工作多无聊、多沮丧啊！），并没有让这些现实就业的问题影响我。于是大二时，我从"政治科学"转到"计算机科学"。当时，一个物理系的同学开玩笑说："任何一个学科要加'科学'做后缀，就肯定不是真的科学。看看你，从一个'假科学'跳到另一个'假科学'，跳来跳去还是成不了科学家。"

每天两毛五，游戏打到 9999

我还有一个一般人不知道的"专长"：打电子游戏在学校是 NO.1——没人打得过我。

以前的电子游戏比现在简单多了。我常玩的一种游戏叫做 Space Invader，屏幕下面有四个堡垒，可发射子弹，上方是很多妖怪，需要把他们一一击中。那个时候的游戏机很"笨"，妖怪不是很快地飞来飞去，只是在慢慢移动。这种游戏投币才可以玩，每次两毛五，而我没什么钱，一天两毛五对我来说也不是个小数目，所以每天我只带两毛五去玩儿，上完课就去打一次或两次。

这么弱智的游戏，有挑战吗？有！机器中的分数设置只有四位数，最高分数是 9999 分，之后再得分就会自动回 0。而且，每个妖精的分数不一样，有的是一分，有的是三分，有的是十分，所以当打到接近 9999 时，你就要小心计算了，因为如果错打了一个，超过了 9999，就会回 0，得从头开始了。为了保持我的记录每天都是最高分，我不会像其他人那样瞎打一通，而是一边打一边计算自己的分数，打到 9999 分就自杀，不玩了。这样，游戏就很有难度了。而且我刚开始不可能打得很好，需要一次次练习，这也是很大的"投资"。

最后，我每天两毛五的结果几乎都是 9999，已经练到炉火纯青了。我每次都把名字的缩写 KFL 写上去，让后面来玩的人都会看到这个记录，知道谁是最高分，这还是很有成就感的。当时玩游戏的学生很多，甚至还要排队，我若去的话大家都会说："看，高手 KFL 来了！"

我在高中时很守规矩，从不玩这种游戏，到了大学，一下子没有了家长的约束，比较自由，于是才开始玩游戏。回头想想。当时的我还是很幸运的，因为这些游戏不够精彩，没有让我真的沉迷下去，每天我只是花两毛五，放松二十分钟。当时如果有什么"魔兽世界""CS（反恐精英）"，说不定我就会沉迷网吧，毁了一生。

就这样，我打了一个学期的游戏，又是什么使我脱离了电子游戏的"魔掌"呢？是桥牌。我是在高中时跟朋友 起吃午餐的时候学会打桥牌的，进大学后，我参加了桥牌俱乐部，发现玩法不同了：大家都拿同一副牌，这样就可以比赛，看谁打得最好。那时，我特别喜欢参加桥牌比赛，目的就是想得第一。刚进大学的时候，我为了得第一就非常幼稚地找了一个老先生老太太聚集的"桥牌俱乐部"打，打了一段时间后觉得似乎该换一个地方了，不然除了常挨老太太白眼之外，牌技还越来越差。当时，许多地区都有桥牌比赛，于是我们就搭车到比较远的地方去比赛，还去常青藤学校比如耶鲁、哈佛去比赛，或去参加全美的比赛，这样以来我们得了不少奖牌、奖杯。我的一个桥牌搭档，后来参加了"百慕大杯"（类似于足球世界杯的一个桥牌比赛），得了全世界第三名。他后来成为一名职业桥牌手，日子过得很舒服。我有时会跟人开玩笑地讲："要是我当初一直打下去，或许在桥牌领域也能有所成就呢！"

也许，有人会觉得打桥牌和打电子游戏没什么差别，其实差别非常大：桥牌可以培养逻辑思维能力，也可以锻炼人际交往能力。不过，我在大一时过于沉迷桥牌，一星期打三十个小时，这么一来就严重地影响了我的学业。

因为打电子游戏和桥牌，我大一时的成绩只有 3.26。但是自从找到我的最爱——计算机之后，我突然感觉对学习有了相当浓厚的兴趣。每次老师发了编程的习题后，我晚上不睡觉也要把它做完（虽然老师给了一个星期的时间）。那时，我不再想拿桥牌第一，而更想做计算机第一。在这样的兴趣驱动下，我在大二、大三、大四时的成绩都是满分 4.0，这样才补救了大一的贪玩，使我最后得以从计算机系以第一名的成绩毕业。

打工过程中发现别的世界

我读大学期间，靠家里资助差不多有两年时间，后来我就没跟家里要钱，靠自己打工挣钱完成了学业。我家在台湾虽然算是小康，但按美国的标准衡量，还是付不起大学学费。当时，学校会给这样家庭的学生提供打工机会，通常的做法是这样：学费的三分之一是学校"给"你的助学金，另外三分之一是学校"借给"你的贷款，还有三分之一需要自己打工挣（这种提高学费，但是人人读得起大学的模式挺好的，值得现阶段的中国大学借鉴）。

打工是大学生学习的良机。我比较幸运，有比较多的打工经历。

刚开始打工时，我什么也不会做，那就只能去做家教了。学校把我分配到黑人区去教一些墨西哥裔或黑人青少年，教书的地方在"哈林区"，是全美最危险的地区之一，离哥伦比亚大学很近。

当时我在读艺术历史，经常要去博物馆看一些画，看完画后就坐巴士去做家教。有一次，我一不留神就多坐了两站，到了哈林区中心，我当时还犹豫要不要多花一张车票坐回学校，后来却为了省点钱选择走回去，结果却犯了个很大的错误：我突然看到了完全不一样的另外一个世界—— 一排排流浪汉、吸毒的人、带武器的人……虽然身体上没有受到伤害，心中却很受震动，也有点害怕。从他们中间穿过时，虽然他们没对我做什么，但我心里一直很忐忑不安，不知道随时会发生什么事。那里的人可能一辈子都没看到过一个东方面孔，见到我后就用他们杜撰的中国话冲我"哇哇"乱叫。我好不容易一步步走到教学中心，把最后一门课教完，就再也不想去了。

当时我刚好开始申请在计算机中心实习。在这里的兼职就有了很大改变，我可以得到很大权限，做很多事情。到了暑假，我也跟一些公司做一些计划，写点程序，最有意思的就是写了一个称钻石重量的程序。当时是 1980 年，我大一的暑假。

大学总共三个暑假，大一大二之间的那个暑假我在计算机中心打工，大二大三之间的那个暑假我做了两个工作，一个是在《做最好的自己》中讲的在法学院打工的故事，另外就是在高盛打工，而给我介绍工作的人是我打桥牌时认识的。桥牌比赛后，我们聊得比较投机，他们就说，既然你是学计算机的，为何不来这边试试？面试的时候很有趣，因为企业里有一些很敏感的信息，他们会用测谎机对面试者进行测试，我之前没有见识过测谎机，虽然自己没做过什么坏事，但还是有点紧张。

一开始，面试官问："你有没有酗酒？"

"没有。"

"有没有吸毒？"

"没有。"

"有没有盗用过公款？"

"没有。"

"有没有赌博？"

"没有。"

"确定没有吗？为什么你的心跳忽然加速了？"

当时我正在想：桥牌算不算赌博？我确实有几次和同学玩桥牌时，下了小小的赌注。然后他继续追问："你为什么心跳这么快？你一个礼拜输多少钱？一千？五百？"我赶紧解释说："只是打桥牌时和同学玩玩。"他又追问："真的吗？请讲实话！"——很严厉的口气。我心中暗叹：真是太可惜了！难道我就因为打桥牌断送了这样一份很好的工作？没想到面试官最后却跟我说："你的人品非常优秀，准备来上班吧！"原来，因为这个工作可以接触相当多的敏感数据（例如高盛即将推荐的那些股票），他们怕暑期工拿这些数据去发财，所以他们必须吓唬吓唬每个申请者，这样才能发现品行不好的应聘者。

高盛是个很好的企业，里面的员工都很优秀，在那里股票分析师们每天穿得西装笔挺跟客户见面。但他们都不太懂计算机，很多数据还需要手工计算。为了从繁重的计算工作里解放出来，他们希望我帮忙处理一些工作。那些按照他们的经验认为我需要做一整天才可以完成的工作，实际上利用计算机程序我大概花了一个小时就做完了。利用其余的时间，我在那里学了不少投资、管理方面的知识。

除了打工，大学生社团活动对成长也很有帮助。我今天非常遗憾在大学的时候没有参加任何社团活动（除了桥牌社之外）。虽然我在读高中时，参加了很多社团，非常活跃，有很多参与社会工作的良好记录：学生会副主席、创业三次……经历非常丰富。但那时，这些事情我都是强迫自己去做的，只是为了在申请大学的时候履历表上多一行字。现在回头想想，我从中得到的最宝贵的东西是与人相处的能力，而不是大学申请表上的那行字。

一起做蛋糕、吃蛋糕的好朋友

到大学后，我突然发现自己"跟人打交道很有压力"。当时中国学生不多，也没有专门的华人圈子（当然，现在想想有了这样的圈子也未必好）。有时候，当我走进一个 party，看到大家在那里聊天、喝酒、开玩笑，就这样发散式地交流，我总觉得走过去面对一个不认识的人很难张嘴。所以去了几次新生 party 之后，我反问自己怎么会变成这样子，连嘴都张不开了？我曾努力地想与人说话，但又担心没有人听我讲。而且每次大家都很分散，三三两两地在一起交流，我站在那里总觉得很无聊、很孤单，不知道怎样才能融入这么一个松散的交流中去。于是，我慢慢地就退出了，自我封闭起来，不再参加 party，也不交朋友。当时，我能交到的朋友就是打桥牌、玩电子游戏时遇到的朋友，还有我的室友（关于这点，现在回头想想，当时真不该让自己退缩。后来当我读博时、工作时，慢慢发现社交能力还是很重要的，可惜上大学时没有好好锻炼，只好后来补上这堂课了）。

上大学时，我们一个宿舍四个人，每两人共用一间卧室。我跟我的室友关系很好，他出身于工人家庭，常跟我讲他的成长过程，我也会讲一些我的事情。我们一直是好朋友，直到现在他也常打电话给我。前一阵子，我在打官司的时候，他还专门打电话跟我说："你需不需要一个人帮你做人格担保？"我虽然很感谢他，但我跟他说自己人格没有问题，不用他担保。他又说："其实我也知道这点，我只是想让你知道有一个朋友永远站在你身边。"

那时，我在计算机中心打工，我会帮他参谋作业该怎么做；而他在厨房打工，这样就可以给我带一些好吃的食物回来分享。有一次学校放春假，他说："我们厨房剩下来二十五公斤奶油芝士（cream cheese），反正也要扔了，不如我们拿来做蛋糕怎么样？"我说："好主意啊！"我们俩的家庭都不是很富裕，为了省钱都没有回家度假，毕竟飞机票很贵。于是，我们就计划用这些芝士做二十个蛋糕，这样就可以天天吃蛋糕，省出假期的饭钱了。

打定主意，我们两人开始忙活起来，但没过多久我就开始后悔这个决定了。因为二十五公斤的芝士根本没办法用普通的搅拌器来搅，我们只好把原料倒进一个大桶里，每人拿一个棍子使劲搅，一搅就搅了四个多小时，胳膊都累酸了。更让我后悔的是，当我们开始每天吃同样的奶酪蛋糕后，感觉总有消灭不完的蛋糕在等着你。吃到最后，我们已经到了看都不想看到蛋糕、提也不想提起"蛋糕"

这两个字的地步。直到七八天后的一天，他突然对我说："开复，天大的好消息！"我问他是什么，他说："剩下的蛋糕发霉了！"那天，我们俩坐地铁到唐人街最便宜、菜量最大的粤菜馆，叫了六道菜为蛋糕发霉庆祝。

后来好几年我们都没有再吃奶酪蛋糕。但多年以后，每当见面，我们总是开玩笑说："一起去吃东西吧。吃什么？吃奶酪蛋糕啊！哈哈！"

就这样，蛋糕会发霉，但源于蛋糕的友谊却是异乎寻常地长久。

给家长的一封信

引 言

家长是青年学生成长历程中的重要一环。好的家长可以和孩子有效地沟通，可以在孩子困惑的时候为他们提供最贴心的支持，或是在孩子迷茫的时候给予他们最真诚的鼓励。我接触过的许多优秀学生都曾告诉我说，他们在学习、生活和工作中所表现出来的自信、坚强、果断、谦虚、宽容等性格上的特点其实都与家长的言传身教密不可分。尤其重要的是，当他们在前进的道路上遇到困难时，往往能从家长那里听到最温暖的话语，得到最无私的帮助。

当然，也有一些家长和孩子之间缺乏沟通，很少知道孩子的想法和心态，他们总爱用简单、粗暴的方法对孩子发号施令，一见到孩子犯错误就只知道批评、责骂，很少用平和的心态去引导和鼓励孩子。不少学生都在来信中向我倾诉了得不到家长的理解和支持的苦衷，他们希望我在帮助青年学生的同时，也给他们的父母写一封信，替学生说出那些藏在心底，想说给父母听但又不敢说或不愿说的话。

其实，孩子们总是希望家长能完全理解自己，为自己的发展提供一个宽松的环境，家长们则总是希望孩子们能早日成熟起来并真正懂得做人、做事的道理，体谅并支持家长的决定。孩子和家长因为出发点不同，社会阅历不同，思考方式不同，在分析和解决问题时就往往会出现或大或小的分歧。我觉得，这样的分歧并不可怕，关键还是一个有效沟通的问题。中国人比较含蓄，许多父母和孩子之间缺乏面对面的、直截了当的交流。如果父母和孩子能够经常敞开心扉，各自将最真实的想法表达出来，或者使用换位思考的方法，经常站在对方的角度考虑问题，我想，家长与孩子之间的隔阂就不难消除了。

因此，我写这封信的目的有两个：一是尝试着在学生和家长之间搭建一座沟通的桥梁，让中国的家长们尽量多知道一些孩子们的想法和诉求；二是想和家长朋友们聊一聊如何帮助孩子成长的话题，与他们分享一些我自己的心得和建议（为此，我还特意咨询了我的姐姐李开敏，她对教育工作非常有经验，为我提供了不少帮助）。希望中国所有的家长和孩子都能在互相理解、互相支持的氛围中不断获得成功和快乐。

写了四封给青年学生的信后，许多学生问我："开复老师，你为什么不写一封信给我们的父母呢？作为一个父亲，你可以分享你教育子女的理念和经验。"

作为一个热衷教育的父亲，我确实有不少教育孩子的经验。但对这封信我一直有些犹豫，因为我不是这方面的专家。在好几位同学的多次鼓励下，我逐渐意识到了写这封信的重要。我问他们："如果写一封信给你们的父母，你们会希望我说些什么呢？"他们说：

> 告诉我们的父母：我们长大了，真的可以照顾自己。就让我们自己闯一闯，哪怕是碰碰钉子也好。
>
> 告诉我们的父母：你们对我的期望好高，我总是达不到，总觉得对不起你们。我希望你们能够接受一个平凡的我。当你们看到我已经尽力而为时，能不能鼓励鼓励我？
>
> 告诉我们的父母：我不想做一个读书的机器，我想找到自己的兴趣，希望你们能支持和理解我。
>
> 告诉我们的父母：我真的好想和你们成为朋友，但我不知道该如何开口。

听了这么多充满热情和期望的话，我提起了笔。我想写出我对家庭教育的真实想法，想与大家分享我的教育理念，想帮助那些平日里疏于交流的父母和孩子，为他们搭起一座沟通的桥梁。其实，教育孩子这件事并不是很难，我们只需要把握这样一个最基本的原则：

培养一个懂事明理、善于学习、自主独立、自信积极、快乐感性的孩子，然后和他成为无所不谈的朋友。

中国广大的家长朋友们，我希望和你们进行真诚而深入的交流。在教育孩子方面，你们可能比我有经验，也有很多好的方法。我并不强求你们认可我在这封信中谈到的方法和理念，而是希望你们知道，你们的孩子有许多发自内心的话想告诉你们。如果有时间的话，你们最好能和孩子们面对面地谈一谈。如果这封信能够让一些家长知道孩子们藏在心底的话，能够让家长和孩子们彼此沟通和理解，甚至成为无所不谈的"朋友"，那么，我写这封信的目的也就达到了。

培养懂事明理的孩子

中国人喜欢把"听话"当做一个好孩子的必备条件。但是我希望我们的孩子不要只做听话的孩子，而是要成为懂事、明理的孩子。听话的孩子可能只会盲从他人，而不见得知道为什么要那么做。懂道理的孩子善于分析每件事背后的原委，他们会在父母讲的话有道理时百分之百地服从，在父母的话不完全正确时则会与父母主动讨论、交流——这样的孩子才是既尊重父母又坚持原则的好孩子。

虽然我相信启发式教育的优越性，但我同时也相信严格管教的必要。孩子们的成长既需要启发，也需要纪律和规矩。他们既需要培养自信，也需要学习如何自省。

关于"规矩"，我总结出了四条定律：

1.定好规矩，但首先要把与规矩相关的道理讲清楚，不能盲目地要求孩子服从；

2.在规矩的限制范围内，孩子有完全的自由；

3.违背了规矩，孩子将受到预先讲好的惩罚；

4.规矩越少越好，这样才能发挥启发的功效。

另外，父母应尽量抓住每一个"机会教育"——生活中随时可能出现的，可借以教导孩子、帮助孩子的小事——对孩子进行教育。但应当在教育中多用正面的例子，少用负面的例子。比如，如果你想教孩子"见到长辈要主动起立打招呼"，那你自己就必须每次都做到。做父母一定要以身作则。如果对孩子的要求很严厉，但自己却没有首先做到，这样是不能赢得孩子的尊重和信服的。

尤其在人格塑造方面，家长一定要以身作则。例如，对孩子进行诚信教育，培养他们的独立人格和思想时，家长个人的表现会直接影响到孩子的行为和成长。所以，除了用榜样或故事（而不要用说教！）来教导孩子以外，家长还要时刻提醒自己，不要做出与自己所倡导的行为相反的事情。

在人格塑造方面，有的家长本身对价值观的选择就很迷茫。比如在如何对待诚信、正义等问题方面，因为现实生活中存在相当多的矛盾和负面的例子，家长自己可能也不是特别坚定。如果把这样的思想传递给孩子，他们就很难拥有正确、坚定的价值取向，当他们走向社会后，就很容易在现实面前感到迷茫和困惑。所以，我觉得有必要提醒中国家长，教育孩子时，眼光要放长远些。中国已经走上了国际舞台，我们要用国际化的思维方式和价值观念判断生活中的现象，不要被一些负面的例子所干扰，不要做负面的事情，更不要向孩子灌输负面的思想。

好的父母能为孩子创造宽松的成长环境，他们只是在孩子碰到困惑时才给以建议和帮助，他们更善于引导孩子，善于和他们沟通，而不是强加给孩子某种期望或价值观。

培养善于学习的孩子

在今天这个"应试教育"的学习环境里，我们很难完全忽视孩子们的课业成绩。但是，孩子在这样环境里面临很大的压力，我们需要更多地体谅他们，不要总是将一些不切合实际的目标加在他们身上，更不要有这样的想法："自己没有实现的理想，一定要在孩子身上实现，而不管他们愿不愿意或有没有天赋。"太高的目标或不合理的期望都只会给孩子太大的压力，让孩子产生对不起父母的愧疚感。因此，家长不要把孩子的学习成绩看得太重，只要他们尽了力就好；不必总要求孩子考第一，只要今天比昨天有进步就可以了。其实，对孩子来说，打好基础和真正掌握学习方法远比学习成绩更重要。

家长应尽量将自己的期望合理化。可以要求孩子每次都做得比上一次好一点儿，让他们慢慢进步。如果看到不合理的或不切实际的目标，孩子可能很早就放弃了。

家长应尽量把自己对孩子的要求转变成对孩子的建议。当然这并不是说要放任孩子自己去闯，也不是说要放弃履行家长的约束权，而是要尽量正确地引导孩子。

家长不要拿自己的孩子和别人的孩子比。这样只会培养孩子片面的竞争心理，对他们步入社会后必须参与的团队合作将是个不小的障碍。

对孩子来说，学习时不要只重视书本里的死知识。在《做最好的自己》一书中，我曾解释过四种学习的境界：

境界一，熟能生巧：在老师指导下学习，掌握课本上的内容，知道问题的答案；

境界二，举一反三：具备了思考的能力，掌握了学习的方法，能够举一反三，知其然，也知其所以然；

境界三，无师自通：掌握了自学、自修的方法，可以在没有老师辅导的情况下主动学习；

境界四，融会贯通：可以将学到的知识灵活运用于生活和工作实践，懂得做事与做人的道理。

作为父母，我希望大家能够把握每一个机会，帮助孩子提升学习的境界，帮他们从死记硬背升华到融会贯通。

　　家长应鼓励孩子去图书馆和网络中学习和获取知识。现在的网络是不折不扣的知识海洋，其中有最好的学习英语的互动工具，有美国麻省理工学院的所有课程，有"开复学生网"这样的学生互助社区，对孩子们的成长很有帮助。当然，网络中也有很多负面的诱惑，所以，家长最好能经常告诉孩子在网络上学习的正确方法。

　　家长应鼓励孩子为了学习而学习，而不只是为了分数而学习。比如，有一次我女儿考试时，有一道题她认为做对了一半，但却被判全错。当时，我要她去问老师，但她不愿意去，因为老师肯定不会给她加分。我就利用这个机会告诉她，去问老师的目的是学习知识，和老师讨论解题的正确方法，而不是为了加分，因为分数并没有那么重要。

　　家长应鼓励孩子自己动手，鼓励他们用刚刚学到的知识解决实际问题，让他们知道学习是有用的，而不是为了考高分。大家也许都记得，在学习时背诵历史年代或数学公式时是多么的枯燥！如果学了知识而不加以使用，那么，死记硬背的东西就会早早地还给老师。我建议家长朋友们在不影响孩子正常学习的前提下，和孩子们一起做一些"实践中的学习"。例如，我的孩子学指数的概念时，我们让她拿一个银行存折来计算利息，当她看到利息一年一年以指数的方式累积下来，最终可能变成一大笔财富时，她对指数的理解就不再只停留在书本的层面上了。当她学习美国历史时，我让她做了一个生动的作业：用电脑动画和我们俩"生动"的配音，重现美国历史的一个片断。有一句格言说："我听到的会忘掉，我看到的能记住，我做过的才真正明白。"在教育孩子的过程中，这句话真的非常有效。

其实，最重要的还是要启发孩子主动地对自己的学习负责。在我的孩子成长的过程中，我会和老师配合，帮助孩子自己设定学习的目标，自发地对自己的学习负责。我大女儿上中学时，每半年学校都会要求学生设定一个学习目标，半年后衡量有没有达到。以前我女儿比较害羞，课堂上有些问题没有听懂也不敢发问。所以她就在我的帮助下订了一个目标：每天上课时一定要发问，把不懂的问题搞清楚，每天下课时衡量自己是否做到。后来，她每天都可以实现这个目标，但她发现，除了提问题以外，自己上课不爱参加大家的讨论。于是，在设定下一个目标时，她就要求自己每天至少参加一次讨论。

培养自主独立的孩子

在中国，父母对孩子的关爱特别深，生怕孩子受一点伤害。所以他们对孩子更多的是保护，却不敢放开手脚，让孩子自己去体验成长。这种做法会让孩子有很大的依赖性。也有些父母总喜欢帮助孩子设计人生规划，但这通常会使孩子们忽视了自己真正的兴趣和爱好，丧失了自主选择的权利。

21世纪将是"自主选择"的世纪。著名的管理学家彼得·德鲁克指出：因为信息时代取代了工业时代，世界处于平等的、无国界的竞争和放权、自由的管理模式之中。"未来的历史学家会说，这个世纪最重要的事情不是技术或网络的革新，而是人类生存状况的重大改变。在这个世纪里，人类将拥有更多的选择，他们必须积极地管理自己。"

其实，无论孩子对父母如何依赖，进入大学或进入社会后，他们都必须自己决定自己的职业、自己的老师、自己的老板、自己的公司，决定是创业还是在公司工作，是学理工还是学商贸……他们每一天面临的都是选择，他们最需要的是独立自主、责任心、选择和判断的能力。一个孩子如果长大了还只会背诵知识，被动地服从别人，或等着别人帮他做决定，那他在进入社会后，就算不失败，也不会被人们重视的。你的孩子要在这样的社会里生存、竞争并取得成功。所以，他必须拥有自主选择的能力。

有一次，谷歌的创始人谢尔盖·布林（Sergey Brin）和拉里·佩奇（Larry Page）接受电视媒体的采访。记者问他们："你们的成功应归功于哪一所学校。"当时，他们并没有回答斯坦福大学或密歇根大学，他们的回答是——蒙台梭利小学，因为那所小学自由自在的学习方式，没有任何消极输入的教育理念为他们的独立自主打下了良好的基础。在蒙台梭利的教育环境影响下，他们学会了"自己的事，自己负责，自己解决"。是这样的积极教育方式赋予了他们勇于尝试、积极自主、自我驱动的行为习惯，为他们带来了令世人瞩目的成功。

那么，该如何培养孩子自主选择的能力呢？我在这里提出五个"要"和五个"不要"：

要教孩子"自己想办法"。从小让孩子自己去解决自己的事务。要让他们明白，任何人都别想推卸责任，让别人替他们预先规划或收拾残局。要让他们在失败中学习，不要什么都帮孩子做。可以帮助孩子分析失败的过程，帮助他们更好地自省，可以告诉他你会怎么做，以提高孩子的判断力。

要把选择权留给孩子，让孩子成为自己的主人。虽然你很确定该怎么做，但是你应该给孩子一个选择的机会，让他学习独立决定。他从自己的错误中学到的东西将比从你的正确指导中学到的多得多。要让孩子知道：有些事情父母可以提供意见，但最后的决定还在于你自己；而且，随着你的长大，这些事情会越来越多。我记得我五岁时，父母要我读幼儿园，但是我想读小学，于是他们把选择权给了我："如果能考上，就让你读。"这件事我会终生记得，因为那时我第一次知道一个五岁的小孩居然有选择的权利。我特别珍惜这个选择，于是我努力读书，真的考上了我想上的学校。

要培养孩子的责任心。多指导，少批评。台湾作家刘墉说："以前我也对儿子的事安排得面面俱到，但后来我发现这其实培养了他做事不负责任的习惯。而且父母的过度包办，也让孩子变得没有礼貌、不懂得珍惜。"不要事事指使孩子，最好从正面与孩子沟通——例如应当说"你的责任是把自己的房间整理干净",而不是"你的房间又乱七八糟了"。当孩子没做到时,让他自己认识到自己负责的重要性。

要培养孩子的好奇心,不要什么都教他们。让他自己去试,失败也没关系。

要信任孩子。信任比惩罚更能够激起责任心。在微软亚洲研究院中,童欣以凡事负责而闻名。他小时候在学校犯错后,他的妈妈甚至没有一句责备的话。"这件事情已经过去了。"她的妈妈会看着儿子惊恐的眼睛,语气温和地说,"你过去是一个好孩子,以后还会是一个好孩子。"童欣后来回忆说:"那个晚上,妈妈给了我最好的礼物,让我一辈子都受用不尽。"

不要用太多规矩限制孩子的自由,要让孩子去做他自己喜欢做的事,让他们有一片发挥的天地。如果你有顾虑,可以用"共同决定"的方法引导他。例如,孩子喜欢玩电脑,你最好不要说"不准玩电脑",而应该告诉他:"如果你的成绩足够好,或是功课做完了,就可以玩电脑,但是一周只能玩两个小时。"应该把每一个"否定"变成"机会",把自主权从你身上转移到孩子身上。这样不但能培养孩子的独立性,也会让孩子为了自己的兴趣而更加努力地做那些"必须做"的事。

不要惩罚失败。可以惩罚懒惰、依赖、逃避、不负责任等不良行为,但是不要惩罚失败。失败是帮助人进步的必要的学习过程,惩罚失败可能会挫伤孩子的积极性和创造力。要鼓励孩子在失败中成长,在失败中坚强起来。

不要说教。如果孩子相信了你的说教，他可能会失去判断力；如果孩子不相信说教，他可能会叛逆，或不信任你。

不要生活上凡事都包办代替，应放手让孩子自己做事情。这除了可以培养孩子的独立能力以外，也可以增加他们的责任感和自信。

不要过多地插手孩子的事务，剥夺孩子自己的选择权。不要想当然地认为自己为孩子安排的路才是通向成功的唯一选择。不要什么事情都说"不"，应该给孩子自主选择的机会。

培养自信积极的孩子

自信心是孩子的潜力的"放大镜"。正如范德比尔特所说的那样："一个充满自信的人，事业总是一帆风顺的；而没有信心的人，可能永远不会踏进事业的门槛。"

成长在一个期望高，只有批评没有夸奖的环境里的孩子很难得到自信。相对来说，一个积极夸奖、正面回馈的环境会激发孩子的自信。我刚来美国时，因为背数学公式的能力强，老师总说我是"数学天才"。虽然我心里知道，自己并不是什么数学天才，只是把以前死记硬背的东西搬了出来，但自信的力量是无穷的，我开始在自信心的驱动下努力学习英文和数学，并真的在全州数学竞赛中拿到了冠军。

给孩子正面的回馈。让他知道你注意到了他做的每一件好事情。我小女儿小时常跟我说"我好笨"，其实她一点都不笨，只是听信了少数同学的恶意中伤。于是，我慢慢培养她的自信。我看她的日记写得很好，就夸奖她，鼓励她再多写一点儿。她写出兴趣后，居然自己写了一本《自传》，经常给别人看，甚至还把它放到了我网站上的"个人背景"栏目里——这个时候，我觉得她该学点儿谦虚了！

自信是需要逐步培养的，所以，你不妨帮助你的孩子做一个长期的、可衡量的计划。就像我前面提到的女儿发言的例子，我当时和她一起制定了一个可衡量的、切合实际的目标：她每天举一次手，如果坚持一个月就有奖励。然后，我们慢慢增加举手的次数。一年后，老师注意到，她对课堂发言有了足够的自信。

首先，你要先相信孩子是有能力的。在美国某小学，人们曾做过一个针对十八个学生的试验：让老师先入为主地认为这十八个孩子是有"最佳发展前途"的（虽然孩子是随机挑选出来的）。因为相信孩子出色，老师常给孩子正面评价。结果真的激发了孩子们的自信，这十八个学生后来的表现比原来的期望值还高。所以，你如果希望孩子有自信，首先你要相信他的能力。

如果你想培养自信的孩子，最好留意你用的每一句话、每一个词。多做肯定性评价："我相信你做得到的""我对你有信心""你做得真出色"……卡耐基在他的人际交流课程中曾提过这样的一个例子：如果要改变一个孩子读书不专心的态度，我们可能会这么说："约翰，我们真以你为荣，你这学期成绩进步了。'但是'假如你在代数上再努力点儿的话就更好了。"在这个例子里，约翰可能在听到"但是"

之前，感觉很高兴。但接下来，他就会怀疑这个赞许的可信度。因为对他而言，这个赞许只是要批评他失败的一条设计好的引线而已。可信度遭到曲解，我们也许就无法实现我们要改变他学习态度的目标了。解决这个问题并不困难，只要把"但是"改成"而且"，就能达到我们的目标了："我们真以你为荣，约翰，你这学期成绩进步了，而且，只要你下学期继续用功，你的代数成绩也会很出色。"

培养快乐感性的孩子

有位学生问我："您是不是要把您的孩子培养成自己的接班人？"我对这个问题感到很讶异。我的回答是："我只希望我的孩子快乐，能够发挥他们的潜力。"

每个人都是不一样的，要找到自己的兴趣，发挥自己的潜力，才能够成为"最好的自己"。成绩不是很突出但最终进入哈佛的汤玫捷说："不要相信成才公式，因为我们是野生植物，不是园林植物。每个人独特的优点就是自信的源泉。"去帮助你的孩子发掘他的独特的优点吧！

一个人的快乐和他是否能做他有兴趣的事是有相当大的关系的。根据美国对一千五百名商学院的学生长达二十年的追踪研究发现：追逐兴趣并发掘自身潜力的人不但更快乐，而且更容易得到财富和名利的眷顾，因为他们所从事的是自己真正喜欢的事情，他们更加有动力、有激情将事情做到完美的状态——即便他们不能从这件事中获取财富和名利，他们也会得到终生的快乐和幸福。

作为家长，我们应鼓励孩子把更多的时间花在自己的兴趣上。比如，我大女儿喜欢看小说，我们就每周挑一本有意思的但是也有教育意义的书给她看，这些年她已经看了上千本书，而且她的英语总是得满分。我二女儿喜欢写作和绘画，我们就教她用计算机写她喜欢写的东西，然后加上图片、照片，印成漂亮的彩色书送给亲友。

对孩子没有兴趣的课，我们只要求她们尽力地准备，尽力地学习，对成绩没有特别的要求。

很多家长让孩子去学钢琴，练跳舞。我认为有一些爱好是很好的，可以帮助孩子全面发展，但是这种爱好要适量。有些学习是很苦的，所以我都会用"让孩子有选择"的方式与孩子约法三章。当我的两个孩子都对音乐表示兴趣时，我对她们说：你们尽力学三个月，三个月后，你们可以决定要不要继续学。结果，她们最终对音乐都没有什么真正的兴趣。但她们中一个对画画有兴趣，一个对戏剧有兴趣。于是，我让她们朝着自己的兴趣尽力发展。

家长应多让孩子有与人相处的机会。戴尔·卡耐基说："一个人事业的成功只有15%取决于他的专业技能，另外的85%要依靠人际关系和处世技巧。"从小就不会与人相处的小孩，长大很难成功也很难快乐。

不要压抑孩子的情绪。除了喜与乐，怒和哀也是正常的反应。应该让孩子有机会抒发他们的感情。如果孩子一哭，你不分青红皂白就呵斥他："不要哭！再哭、处罚就来了！"孩子表面会变得听话，内心其实掩藏了更多的恐惧——他怕他哭了会失去父母的爱、会被处罚。成长的经验一再以压抑、否定自我的情感出现时，你可能可以教出一个听话的孩子，但很遗憾的是，那也是一个缺乏自信、无法体谅别人情绪的孩子。所以，接受人世间的一切吧——正面的或负面的、生或死、哭或笑。因为，这些体会对我们的生命都一样重要。一直处于优势地位的孩子不会从片面强调竞争的教育方式中获益，因为在学习过程中，他们作为天之骄子处处受到褒奖，这很容易让他们产生异乎寻常的优越感，并因此忽视了人际交往和团队合作方面的锻炼。

做孩子的朋友

如果你问我的孩子："你最喜欢你父亲的什么地方？"她们会说："风趣甚至疯狂、没架子，就像我的朋友，让我有许多话都愿意和他说。"

虽然我的为人处世之道很多是来自我的父亲，但是父亲在世时，他并没有太多与我亲近的时间。在他过世之后，我只能从我的母亲、兄姐处理解他的想法和为人。我想，这是中国常见的父子关系。因为这份遗憾，我尽量花时间陪我的小孩，而且尽力做一个可以和她们说心里话的父亲。

在你心里，你的孩子可能永远长不大，但是很多孩子在十五岁或更早的时候就愿意把自己当成大人。这时，家长完全可以用成人的谈话方式和孩子讨论问题,而不再是完全的"家长"作风。比如谈理想、学习动力、娱乐、事业心、为人处事、爱情、交友、处理家庭问题等等。

在这方面,我有四个建议:

和孩子打成一片,甚至和他一起胡说八道。不要摆起架子,做个"高高在上"的长辈。我的孩子小时每天都是听了我"胡诌"的故事后才愿意入睡的。

对孩子说心里话,不要把话闷在肚子里,同时希望他也这么做。做一个好的聆听者。

让孩子知道他对你多重要,告诉他你多么爱他,慷慨地把你的时间分享给他,但是对物质上不要"有求必应"。

花些时间理解那些流行的东西。无论是歌星、青少年偶像、新电脑游戏,我都会花一些时间理解。这样一方面可以给你更多的话题,另一方面告诉孩子你"在乎"他。而且还可以让你觉得年轻些!

把孩子当作朋友,和他谈心。可以告诉他你每天经历的事,也可以问问他,他一天经历了哪些事。如果他告诉你,他做了什么"不该做"的事情,那么,不要训斥也不要生气,多听少讲。当他认为和你聊天没有"被惩罚的威胁"时,他才会无所不谈。刚开始时,如果他有点不敢讲,先对他保证你不会生他的气。

如果你要做孩子的朋友,那就必须学习他的"语言",而不是要求他学习你的"语言"。如果你不学新知识,不接触新的思想观念,知识匮乏,思想陈旧,你就不能理解现在孩子的所思所想。家长应该尽量多接触点流行的东西，比如流行的思想、流行的服饰、流行的技术、流行的音乐、以减小代沟，创建彼此信任的沟通渠道。

中国的家长，我建议你们：多陪陪孩子，无论多么忙，都要和孩子一起玩儿，平等地和他们谈心；不要以为把孩子送到学校了，一切就都是老师的事情；当孩子做了和自己期望相违背的事情时，不要马上发火，先听听孩子的理由。

总 结

这是我很喜欢的多萝西·劳·诺特（Dorothy Law Nolte）的一首诗《你给孩子什么？》，它阐述了我的教育理念。在此把它翻译成中文，和中国的父母们分享：

> 批评中长大的孩子，责难他人。
>
> 敌意中长大的孩子，喜欢吵架。
>
> 恐惧中长大的孩子，常常忧虑。
>
> 嘲笑中长大的孩子，个性羞怯。
>
> 猜忌中长大的孩子，容易妒忌。
>
> 羞耻中长大的孩子，自觉有罪。
>
> 鼓励中长大的孩子，深具自信。
>
> 宽容中长大的孩子，能够忍耐。

称赞中长大的孩子，懂得感恩。

认可中长大的孩子，喜欢自己。

分享中长大的孩子，慷慨大方。

诚信中长大的孩子，理解真理。

公正中长大的孩子，极富正义。

尊重中长大的孩子，懂得尊敬。

信赖中长大的孩子，不但信任他人也信任自己。

友善中长大的孩子，不但爱他人也爱自己。

中国的家长朋友们，我们的责任重大。今天中国的青年：

非常优秀，但是非常困惑；

非常聪明，但是不够自信；

是多年来第一代能够在平安的社会、完整的教育中成长的一代；

出生在被信息铲平的世界中，他们必须成为融会中西的精英；

有幸出生在拥有选择的时代，但是时代并没有传授他们选择的智慧。

当然最重要的是：中国的青年是我们的骨肉，我们的最爱，我们的一切。这一个理由就足够让我们努力学习，努力提高自己，让我们各自成为"我能做到的最好的父母"。

母亲的十件礼物

引　言

端午节后的一个阴雨天，我在台北市和平医院的病房里，陪了母亲一整个下午。那时她已经很虚弱了，我当时的奢望就是母亲能睁开眼睛，看我们一眼。

那天母亲并没有睁开眼睛。傍晚我亲吻她的额头，离开房间后，她说了一句话："他不回来了。"我很不解：我怎么会不回来呢？没想到真的一语成谶，那竟是我和母亲的最后一面。

虽然妈妈已在医院数月，大家都知道康复希望不大，但接到妈妈过世消息时，我还是无法相信。我再也见不到最爱的妈妈，再也不能和她踢球、打牌，再也不能帮她抓痒，再也不能握着她暖暖的手，亲她皱皱的脸，问她我叫什么名字？

母亲对我一生的影响，无法用言语描述。对于母亲，我充满感谢、感恩和感动。我用这篇文章感谢母亲赠予我的十件礼物。

这十件礼物，塑造了我的性格，建立了我的自信，奠定了我的基础，教导了我如何做人，如何教育孩子，更留下了我一生最温馨难忘的回忆。这十件礼物，任何一件都足够改写我的一生。

第一件礼物：完整的家庭

母亲年轻时的经历像是一部跌宕起伏的历险记。十二岁时她只身从东北流亡到北京，六年后又考进上海东南体育专科学校，南下独自闯荡大上海。在体专时，她曾经是全国顶尖的低栏健将，拿过全国短跑第二。1939 年，和父亲相恋一年结婚后，母亲随父亲回到四川。

十年后，父亲远走台湾，母亲带着一儿四女留在四川，独自一人挑起生活的重担，独自抚养五个孩子，忍受对亲人的思念，承受各种压力。

1950 年初，坚强的母亲决定结束这种分离的生活，她辗转得到一张探亲的"通行证"。一家人立即乘火车从成都到达重庆，经过一个星期的等待，才千辛万苦地从重庆到达广州。

这只是千山万水跋涉的一个插曲。全家到达广州以后，下一步是要想办法去"近在眼前，却远在天边"的香港。当时很难找到愿意去香港的船只，更何况是对于拉扯五个孩子的母亲。因此，母亲在到达广州后，在广州滞留长达几个月，好不容易才到达香港，辗转赴台。

我们这一大家子能在台湾团圆，几乎是当年绝无仅有的。之后还在台北又添了五姐开敏和我。这一切都要感谢母亲坚韧的个性和过人的胆识，让这充满爱的家庭能够延续。这也让我每每遇到困难，总会抱着坚定信念放手一搏，因为我的基因里有一种物质源自母亲：坚持。

第二件礼物：我的生命

五十多年前的二月，微风中带着丝丝春意。但我家那栋小房子里，全家人都显得十分紧张，因为母亲在四十三岁高龄孕育了我，大家都担心高龄生产不安全。

母亲的好朋友劝她："不要冒险。还是拿掉吧。"

又有人说："生出来的宝宝可能会身体弱。"

还有人说："科学界研究过，高龄孕育的宝宝，低能的概率要大一些。"

但是，执拗和冒险的天性这时候在母亲的身上再次表现出来。母亲坚定地说："我要这个孩子。"

有了母亲这句信心十足的话，我终于可以平安地降临到这个世界上。

1961 年 12 月 3 日，一个婴儿呱呱坠地。这就是我。

母亲后来对我说，她当时就是有一种信念，觉得我会是个非常聪明健康的孩子，才不顾一切地将我生了下来。我现在觉得，相对于别的母亲给予孩子生命，我母亲孕育我的过程则拥有更多的未知和变量，对母亲身体的考验也更大，这个过程充满了生命的奇迹和坚韧的味道。

母亲的自信和勇气给了我最宝贵的礼物——我的生命。

第三件礼物：最细腻的照顾

母亲这一生在我身上付出得最多。她高龄得子，对我视若珍宝。为了养育我、栽培我，她用尽了所有的心思和情感。

比如，她因为高龄生产，奶水不足，为了给我提供足够的营养，她每天强迫自己喝下好几碗花生炖猪蹄汤。两年后，我健康地长大了，她的体形却再也无法恢复过去那般纤细苗条。

上小学时，我就读的及人小学离家有五六公里。虽然每天有校车接送，但母亲为了让我每天早晨可以多睡一会儿，她会亲自送我，风雨无阻。每次放学看到母亲，我都会高兴得飞奔过去，把学校里发生的大事小情与她分享。有一次我告诉她老师病了，没来上课。第二天，细心的母亲竟然亲自煲了一锅鸡汤送到老师家里。

母亲是个非常棒的厨师，在做饭方面有很多"独家秘籍"。那时候，我们的经典对话是："弟弟，今天晚上吃什么啊？""红油水饺吧。"妈妈说："好啊，那你要吃多少个啊？"我就干脆地回答：

"四十个！"

因为妈妈提供的无限美味，我的体重总是全班第一。吃完四十个饺子后，她会说："好了好了，别吃了！"而我总是边吃边说："不嘛，我再吃一口'下桌菜'。"而"下桌菜"也成为我们家的"专有名词"。

1972年开始，母亲为了照顾我，每年会抽出半年时间到美国陪我念书。母亲是个社交生活非常活跃的人，在台湾的朋友非常多。但是几十年前的美国没有这么多华人，完全不懂英文又不会开车的她，到了美国，就只能整天待在屋子里。哥哥、嫂嫂、外甥和我每天出门工作、上学，整天就剩母亲一个人在家里呆坐，没有人可以说话。

那时候母亲唯一的休闲就是看一档猜价格的节目，猜一罐玉米的价格是多少，一个杯子又是几块钱。她其实一句英文都听不懂，只能凭节目效果判断谁猜对了，谁猜错了。有的时候她会说："这个人长得蛮帅的，我希望他赢；这个人看起来眼光不善，我希望他输。"

我们几乎无法想象一个人怎么会在五十多岁时，跑到一个语言完全不通的国度，放弃朋友圈，放弃每天有人帮佣、不用做家务的生活，过上了每天要烧菜的日子，每天唯一的寄托就是儿子放学回来和她说说话。无论她自己承受多少孤独，见到我永远是笑眯眯的，在我遇到挫折的时候永远会鼓励我。从我十一岁出国一直到十九岁，年年如此。

第四件礼物：快乐和幽默

我从小就是一个特别顽皮的孩子。和许多母亲严厉管教的做法相反，妈妈不但容忍我的调皮，还能保持童心，成为我的玩伴，用她独有的幽默方式化解我的顽劣，引导我成长。

比如，我小时候特别好动，一刻钟也坐不住，理发成了大难题。妈妈不会斥责我，强求我乖乖坐着，而是带着三姐到理发店，借用店里的剪刀、刮胡刀、毛巾，演"木偶戏"给我看。这样我居然能坐定半个小时，直到把头发理完。

在学校上课时，我的话也特别多。有一次，我竟然被忍无可忍的老师用胶带贴住了嘴。而那时，母亲正好赶来接我，撞了个正着，好尴尬！还有一次，我为了能晚睡一个钟头，偷偷把全家的钟表都调慢了一个小时，结果，第二天全家老小被我害得晚起一小时，上班的、上学的，手忙脚乱、鸡飞狗跳。但这两次母亲都没有生气，反而哈哈大笑，觉得画面非常有趣。

事实上，我的调皮应该遗传自母亲。父亲不苟言笑，但母亲却常常和我们"打成一片"。有一次，哥哥和母亲两个人玩水战,弄得全家都是水。最后，母亲躲在楼上，看到楼下哥哥走过，就把一盆水全倒在他头上。

我想，只有像母亲那样拥有一颗年轻的心，才会容忍甚至欣赏孩子的调皮、淘气。而和这样的母亲在一起，我们每个孩子都没有什么距离感。这么多年来，母亲一直和我们"打成一片"，我们和母亲的感情也和别的母子不一样：她不但是我们的好妈妈，也是我们的好玩伴。

第五件礼物：勤奋努力

妈妈虽然对我的淘气行为姑息，但凡事一旦和我的学习、成长、未来相关，母亲就会特别重视，会对我提出非常高的要求。她总是要求我，只要开始做一件事，就一定要做到最好——在这方面，没有通融的余地。

在母亲的敦促之下，当其他同龄的孩子还躺在父母怀抱里时，我已经会背"九九表"和古诗词了。

母亲对我的学习成绩抓得很紧：考得好我就会有礼物收，考得不好则会有警告，甚至挨板子打。每逢遇到背书，母亲就会亲自监督，要求我把书本全部背诵下来，而且要一字不错，有一处错了，母亲就会挥手把书摔到别的房间，让我捡回来。有时候，母亲还会用竹尺打手心惩罚，有一回甚至把尺子都给打断了。

为了每次都能拿到第一名，我有一段时间每天五点起床读书。每次都是母亲催我起床。

感谢我的"严母"，我成为一个勤奋的人。

第六件礼物：自信和自主

小时候，母亲总是告诉我："你应该成功。将来有一天，你一定会成功。"

小时候渴望长大。去幼儿园没多久我就腻了。我跑回家，跟家里人说："我不上幼儿园了行不行，我要上小学。"

母亲问我："怎么了，幼儿园里不好么？""太无聊了，整天都是唱歌吃东西，老师教的东西也太简单了。"

"你才五岁，再读一年幼儿园就可以读小学了。"

大部分的父母可能都会认为孩子胡闹，但是母亲处理的方法与众不同。

"下个月私立小学有入学考试。如果你的能力不够，你就没法通过入学考试；可如果你通过了考试，就表明你有能力，那就让你去读小学。"

于是我就请母亲帮我报名，然后努力学习，努力准备。

发榜那天，母亲陪我去学校，一下子就看到"李开复"三个字在第一名的位置闪亮。母亲激动得像个孩子一样地叫起来："哎呀，第一个就是李开复，你考上了！"

我也激动地跳起来，抱住母亲哇哇大叫。

那一刻，母亲脸上无法掩饰的兴奋和自豪即便是过了几十年我也不会忘记。从母亲的表情中我才知道，自己一丁点的小成功可以让母亲那么的骄傲。同时，这件事也让我懂得，只要大胆尝试，积极进取，就有机会得到我期望中的成功。感谢母亲给了我机会，去实现我人生中的第一次尝试和跨越。

在中国，父母对孩子的关爱特别深，生怕孩子受一点伤害，不愿让孩子冒险尝试与众不同的东西。其实孩子从小就需要独立性、责任心、选择能力和判断力。很庆幸的是，在我五岁的时候，我父母就把选择权交给了我，让我成为了自己的主人。

第七件礼物：谦虚诚信

跳级考入小学后，我不免觉得骄傲。每次父母亲有朋友来家里，我都要偷偷告诉他们我有多聪明、多厉害。

"阿姨，我已经读小学了！"

"真的，你不是才五岁吗？"

"对啊，我跳级考进去的，还是第一名呢！"

"那进去以后的成绩呢？"

"除了100分，我连99分都没见过呢！"

没想到，我刚夸下海口，第二个星期考试就得了个90分。看到考卷，妈妈二话不说，拿出竹板，就把我打了一顿。

我哭着问："我的成绩还不错，为什么要打我？"

"打你是因为你骄傲。你说'连99分都没见过'，那你就给我每次考100分看看！"

"我知道错了。以后我会好好学习的。"

"不只要好好学习，还要改掉骄傲的毛病。自夸是要不得的。谦虚是中国人的美德。懂了吗？"

"知道了。妈妈还生气吗？"

"不生了，要不要躺在我怀里看书？"

妈妈的气总是来得快，去得也快。我想，她这么爱她的孩子，是没有办法长时间生孩子们的气的。当然，这一次的处罚我也会永远记得，"谦虚是中国人的美德"。类似的，母亲总是能抓住每一个"教育"的好时机，让我懂得做人的道理。

在学校我功课虽然很好，偶尔也会出状况。有次我考得并不好，揣着考卷心里很害怕。我甚至能看见母亲举起竹板打我的样子。突然，一个念头蹦了出来：为什么不把分数改掉呢？说改就改，我掏出红笔，小心翼翼地描了几下，"78"变成了"98"。到家门口，我又掏出卷子来看了一下，确保万无一失，才轻手轻脚地走进去。

母亲注意到我回来了，叫住我："试卷发下来了么？多少分？"

"98。"

母亲接过卷子，我心里"扑腾扑腾"地跳起来，生怕母亲看出了修改的痕迹。但她只是摸了下我的脑袋说："快去做作业吧。"

这种事情有了第一次就会有第二次。当我再次涂改考砸了的成绩时，手一哆嗦，分数被我拖了一个长长的尾巴。这下糟了。我欺骗了母亲，这是她绝对不能容忍的。我心一横，把试卷扔到了水沟里。

但回家后，母亲并没有问起分数。提心吊胆了几天之后，我终于憋不住了，跑到母亲面前，向她承认了错误。我以为母亲会狠狠打我一顿，但母亲只说了一句话："我都知道了，你能知错认错就好。

希望以后你做个诚实的孩子。"

母亲的宽容和教诲我直到今天都记忆犹新。是母亲的言传身教让我懂得了做人的道理，让我知道了"谦虚""诚信"这些字眼儿为什么对一个人的一生来说那么重要。

第八件礼物：热爱读书和打开世界之门

母亲坚信我是个最聪明的孩子，所以对我期望最高，管教也最严，要求我把每一件事情都做到最好的程度。

知道母亲在我身上倾注了大量心血，我也会努力读书争取考高分。而母亲的奖励方式也很特别。

记得有一次我考了第一名，母亲带我出去买礼物。我看上了一套《福尔摩斯全集》。母亲说："书不算是礼物。你要买多少书，只要是中外名著，随时都可以买。"结果，她不但买了书，还另买了一只手表作为礼物送给我。

我十岁时，远在美国的大哥回家探亲。吃饭时，大哥在跟母亲抱怨台湾的教育太严了，小孩子们的灵气越来越少。母亲叹了口气说："唉，为了高考，我们有什么办法呢？"

看到我整天被试卷和成绩单包围着，没有时间出去玩，也没有朋友，大哥忍不住说："这样下去，考上大学身体都坏了。不如跟我到美国去吧。"

母亲从没去过美国，她接受的是中国传统的教育，但却出人意料地保留了一份开明的天性。听了大哥的建议，母亲把手放在我头上，对我说："那你就到那里试试吧。"

一个那么爱她的幺儿的母亲，居然能下决心把孩子送到了当时遥远的美国，做第一代"小留学生"，这是要多么大的勇气啊！

多亏了母亲的勇气和开明，我在年少时，就获得了打开世界之门的钥匙。

第九件礼物：对家国的情怀

我在美国的第一年，母亲陪读六个月后，家里人开始催母亲回去。母亲虽然放心不下我，但还是牵挂着家里，只好把我托付给哥哥嫂嫂。临走前的几天，母亲一直在叮嘱我，回家记得做作业、背英文、听哥哥嫂嫂话……上飞机前，她又郑重地对我说：

"我还要交代你两件事情。第一件就是不可以娶美国太太。"

"拜托，我才十二岁。"

"我知道，美国的孩子都很早熟，很早就开始约会，所以要早点告诉你。不是说美国人不好，只是美国人和我们的生活习惯和文化都不一样。而且，我希望你做个自豪的中国人，也希望你的后代都是自豪的中国人，身体里流的是 100% 炎黄子孙的血……"

"好的，好的。飞机要起飞了。"

母亲拉住我的手说："第二件事，每个星期写封信回家。"

没想到第二件事情这么简单。我爽快地答应了。我每周都写信告诉母亲我学习上的进步，母亲就一个字一个字地看我的家书，帮我找出错别字，在回信中罗列出来。母亲的认真劲儿深深地感染了我，每次写信时我都要求自己认真一些，少写错别字。我也会到处去找中文书籍来读，以免让我的中文水平永远逗留在小学程度。

小孩子最容易掌握一种语言，也最容易忘掉一种语言。我在学习英语的同时，中文始终没有落下。这不得不感谢那些年里每星期给母亲写中文家书。不然，也许童年时所学的汉字早被 ABC 侵蚀了。

后来，我终于明白，母亲临走时叮嘱我的两件事不单是希望我娶中国妻子，会中国语言，更蕴含着一种浓浓的家国梦，深深的中国情。母亲用各种教育方式，潜移默化地将中国的文化和中国的思维方式根植在我身上。

由于母亲的影响，无论我身在何处，我都会关心两岸正在发生的一切，无论我工作有多么忙，我都会抽出时间帮助中国的青年学生——因为那里有整个家族传承下来的信仰和光荣，因为母亲不止一次提醒我说："别忘了你是中国人。"

第十件礼物：爱的牵挂

有人说：子女是父母最甜蜜的牵挂。直到我有了孩子，我真的明白这句话，也因此而特别怀念那一段母亲把我揽在怀里的岁月。

其实，每个人不管年纪有多大，事业上取得了什么样的成就，在母亲眼里，你还是她的孩子，还是让她魂牵梦萦的牵挂。而这种牵挂，让你无论遭遇多大磨难，内心都能滋长出强大的甜蜜力量。

2005年，当我跳槽换公司时，老东家决定起诉我，我知道我有麻烦了。官司刚开始时，情况看起来非常严峻，谣言满天飞。虽然很多都是子虚乌有的指控，但很多报刊媒体，未经任何查证，就起了耸动视听的标题，甚至污蔑我的道德价值。

即便我心中坦荡，但面对这些没来由的攻击，完全不烦忧是不可能的。深夜里，我佯装镇定打电话给母亲。在电话那一头，她坚定地告诉我："一切都会没事的。不管你做出什么样的选择，我都是站在你这边，你永远都是最棒的。"

隔着太平洋，我强忍住感动的泪水，没有在电话中失声。但放下电话后，我就再也忍不住了。我无比感动并深深地自责。感动的是母亲对我的真诚支持，自责的是我还需要母亲为我的工作操心。我很庆幸有这样一位既传统又开明，既严厉又温和，既勇敢又风趣，既有爱心又有智慧的母亲。她的教育既有中国式的高期望，也有美国式的自由放权；既有中国的以诚待人，也有美国式的积极进取。如果说我今天取得了一些成绩，那么这些成绩都是来源于母亲的教诲、牺牲、信任和支持。

世界读书日的寄语

引　言

4 月 23 日是世界读书日。自 1995 年设立至今，这个日子每年都在提醒我们询问自己读书了吗？上次打开书本是什么时候？

读书意味着分享前人传承的经验与思索，意味着在前人思索的引领下思索自身。我认为理想的阅读状态是让读书成为每天的日常，成为个人成长的重要途径。同时，我也想给大家几点关于读书的建议，希望能够帮助大家有选择地阅读好书，从前人的智慧中汲取灵感、获得成长。

人生中充分阅读的三个阶段

我人生中有三个阶段曾经做到充分阅读。当我今天回顾我的人生，我觉得最快乐、成长最多、得到最多养分的就是那三个阶段。

第一个阶段：书不算奖励，随时都可以买

第一个阶段是我大概五岁到十一岁的时候，那段时间我父亲买了各种各样的书，让我在家里阅读。从那时起，我就爱上了读书，一年至少要看两三百本书。当时，看了《双城记》《基督山恩仇记》一类的西方文学，也读了《三国演义》《水浒传》一类的中国古典文学，但对我影响最大的还是名人传记。海伦·凯勒虽然失明、失聪但依然进入一流大学的经历，对我未来性格中坚韧和勇气形成有很大影响。而爱迪生的发明改变了人类的生活，这让我向往成为一位科学家。那个时候我把书当作一种无限索取的礼物，贪婪地索取。也是那段时间，我对中国历代的很多典籍有了一些初步的认识，在那差不多六年的时间里，我每年都保持着很多的阅读量。

第二个阶段：大学期间，每周两三本西方哲学

然后我去了美国留学，就中断了一段时间，直到我到了哥伦比亚大学。在那时我算被逼着读书，因为在哥伦比亚大学有一个非常有名的核心课程（core curriculum），基本一年就逼你读一百本书，大部分是西方的哲学、文学类书籍，说实在的，那段阅读时光不是特别享受，你可以想象，一个英语不是母语的人，到了美国，要读这么厚的一本书，每周要读两三本，压力非常大。但是多年之后，当我回忆在哥伦比亚大学的那段时光，不论是读柏拉图，或者是洛克、霍希斯几位英国哲学家的理论，还是莎士比亚的，都让我深深地体会到，其实

人性的一切，在莎士比亚的书里都可以找到，很多东方的智慧在西方的书里也一样可以找到，我甚至会说，作为一个理工宅男，为什么到今天能够出八本书，有些还比较畅销，很大的理由也是因为当时在哥伦比亚大学，逼着我大量、广泛地阅读。

第三个阶段：生病后，读书让我重新衡量人生

当然好景不长，四年大学毕业以后，我又回到我理工男的生活，直到后来生病。生了病在家很多事是不太适合做的，所以我选择读了很多书。我之前分享过在治疗期间读布朗尼·维尔（Bronnie Ware）一本书的感受，书中记录了临终病人一生中最后悔的事情。作者提到，没有一个人会为当年不够认真工作、不够努力加班、或财产积攒不足而后悔。人们临终时最盼望的，是希望能再有机会花更多时间与自己所爱的人在一起。这本书使我重新权衡工作、生活的安排，重新衡量人生价值。在生病期间，我读了很多心灵方面的书，还有东方文化、历史方面的书，感觉非常有收获。

所以我觉得一个人充分阅读，把阅读当作日常，这是一种享受，是一个汲取养分的过程，是一种最好的成长。

读书的"三做三不做"

关于读书，我想给大家六个建议，"三做三不做"，非常简单的

建议，应该适合每个人。

多读不同意见的书

我觉得在东方长大的小朋友们常常被灌输一种思想，认为书上写的就是对的，读了书要把它背下来。我觉得这样并不好，其实每一件事情都有很多面，有很多不同的观点、不同的意见。我建议大家不要把书当圣经，多去读一些不同观点的书，而不是只读那些你认为是你同意的、符合你观点的书，尝试读一些跟你的观点有冲突的书。如果你能多方面来看待同一件事情，也可以培养批判式思维。另一方面，就算你坚持你原来的想法，你也可以了解别人是怎么想的，当你和对方辩论或者持有不同意见的时候也许可以用到。

多读历史

走了这么长的路，看了这么多的事情，读了这么多的书，我发现历史总是在重复，人类还是不断在犯过去犯过的错误。我想如果我们每个人都多读历史的话，也许我们可以多了解人性，可以少走一些弯路。

中西融会贯通

虽然中国古老的思想、文学都非常精湛，可以学到很多东西，但是我在哥伦比亚大学读的那几百本书，我觉得对我还是有非常深刻的启发。所以有时间的话，我觉得还是平衡一下，读一些东方的书，也读一些你想读的西方的书，比如英美哲学家的书、莎士比亚的书等等，东西方的思想能够平衡吸取。

不要读劣质的翻译

当你读西方的书时尽量读原文书，因为翻译的过程会流失很多有价值的东西。所以英文好的同学，可以读原文书；英文不错的同学，可以先把英文学好，然后读原文书；实在不想学英文的同学们，那读中文书也可以，但是一定要找好的翻译。我发现比如《乔布斯传》，我看了两个中文版，翻译水平差异是巨大的。

少读纯理论的书

有些纯理论的书，不是在过去实例的验证之下写成的，所以我会更建议大家去读那些有真实事例穿插的书，而不是纯理论化的书。

少读成功学的书

每次走到书店看到我的书被放到成功学，我就想低着头走过去，因为，我觉得大部分成功学的书，其实都是一些没有实干过的人，把一些理论攒起来，让你认为自己看完也可以成功的书，而且它教导的可能是"你只要模仿谁谁谁就可以成功"。但是实际上每一个人是不同的，每一个人成功的模式也是不同的。而且那些写成功学的书的人，他们自己成功了吗？他们自己有经验吗？他们分享的是攒来的经验还是自己的经历总结呢？所以我建议少读成功学的书。但是如果你很想学习一些成功的典范，那么我会推荐多看自传。看自传的时候，也要看作者本人自己写的自传，而不是授权别人写的，因为别人写的也是攒出来的。最后，即使看作者本人的自传，也不要盲目地去学习对方的一切，因为每个人是不一样的，学习那些适合你的。

查理·芒格说："我这辈子遇到的聪明人，没有不每天阅读的——没有，一个都没有。"一位导师在推荐芒格演讲录《穷查理宝典》时说："创业不仅需要技术，更需要人生的智慧。"书从来都是有用和无用的，有用在于启迪心智，无用在于不提供答案。

如今，被网络和琐事挤占的读书时间在减少。许多人把不读书的原因归罪于没有时间，其实读书最大的误区或者说不读书的最大理由就是"没有时间"。如果一年读书一百本看起来遥不可及，那就先从今天通勤路上读书半小时做起吧！阅读从来不需要多余的仪式感，只需要现在拿起书，读下去。

从 1983 到 2017 年，我的幸运与遗憾

一

今天跟大家讲个故事。

1983 到 1988 年，我正在卡内基·梅隆大学读计算机博士。

我正忙着暑期教书，秋天投身奥赛罗人机对弈（黑白棋游戏，那是机器第一次真正意义上打败人类冠军的比赛）。

我的导师瑞迪教授（Raj Reddy，图灵奖得主、卡内基·梅隆大学计算机系终身教授、美国工程院院士）从美国国防部得到了三百万美元的经费，用来做不指定语者、大词库、连续性的语音识别。

也就是说，他希望机器能听懂任何人的声音，而且可以懂上千个词汇，懂人们自然连续说出的每一句话。

这三个问题都是当时无解的问题。

而瑞迪教授大胆地拿下项目，希望同时解决这三个问题。他在全美招聘了三十多位教授、研究员、语音学家、学生、程序员，以启

动这个有史以来最大的语音项目。

我也在这三十人名单之内。

当时的科研背景是，业界已经有类似今天深度学习的算法，但一直没有实现数据标准化，数据量也不足够大。

美国几大语音识别实验室（如MIT、CMU、SRI、IBM、贝尔实验室）都是各用各的数据库，测试数据不同、训练数据不同、使用的语言模型不同，测试的词汇量也不同。所以都各称业界第一，大家莫衷一是。

而每个大公司都有自己的商业需求，比如说在语音识别方面，当年做打字机的IBM想做语音打字机，垄断美国电信的AT&T要求贝尔实验室识别电话号码，所以大公司并没有动力来帮助小公司或学校。而小公司和学校，往往只有资源做些较小的数据集，结果通常也不如大公司的好。

不仅如此，数据不标准对AI研究而言是致命的，最后导致很多问题，包括：

1.因为测试语料库不同，最后识别结果，大家无法复制，也无法验证。彼此不认可，而且因为数据没有打通，算法就更不可能打通了。

2.因为每家做的领域不同，最后的结果都不可比。有些领域词汇量小，比较容易，但是做出结果也可能不能通用；有些领域词汇量大，但是约束很多，所以能说的内容不多，导致比较容易识别，也不能通用。

3.因为每家训练集不一样大，而训练集越大，一般结果越好。

所以，有可能结果做得好，被认为并不是靠算法，而是靠数据量大。

4. 对于学术单位来说，最大的问题来自于没有足够的资源（也没有兴趣）收集、清洗、标注大量的语料；对于小公司来说，语料和计算力都是问题。

最后，瑞迪教授计划采用"专家系统"来完成项目，因为这个方法需要的数据有限。

"专家系统"是早期人工智能的一个重要分支，你可以把它看作是一类具有专门知识和经验的计算机智能程序系统，一般采用人工智能中的知识表示和知识推理技术来模拟通常由领域专家才能解决的复杂问题。

但我不认同。

二

之前参加过奥赛罗的人机对弈，让我对统计概念有了充分的理解，我对瑞迪教授的研究方法产生动摇。

我相信建立大型的数据库，然后对大的语音数据库进行分类，有可能解决专家系统不能解决的问题。

另外，在 1985 年，美国国家标准与技术研究院（National Institute of Standards and Technology）也意识到数据不标准会影响科研进步。所以在语音识别问题上，标准局设定了标准语音和语言的训练集、测试集。要求每个学校的每个团队都用同样的训练集来训练模型，可以自己调好系统参数，比赛最后一天大家拿到数据，有一天时间跑出结果，大家评比。

我从这个标准数据集和测试看到机会。

再三思考后，我决定鼓足勇气，向瑞迪教授直接表达我的想法。我对瑞迪说："我希望转投统计学，用统计学来解决这个'不指定语者、大词库、连续性语音识别'。"

我以为瑞迪会有些失望，没想到他一点都没有生气，他轻轻地问："那统计方法如何解决这三大问题呢？"

瑞迪教授耐心地听完我激情的回答后，用他那永远温和的声音告诉我："开复，你对专家系统和统计的观点，我是不同意的，但是我可以支持你用统计的方法去做，因为我相信科学没有绝对的对错，我们都是平等的。而且，我更相信一个有激情的人是可能找到更好的解决方案的。"

那一刻，我的感动无与伦比。因为对一个教授来说，学生要用自己的方法做出一个与他唱反调的研究，教授不但没有动怒，还给予充分的支持，这在很多地方是不可想象的。

统计学需要大数据库，我们如何才能建立起大的数据库呢？

瑞迪教授看到我愁眉不展的样子，再一次给了我支持。他说："开复，虽然说我对你的研究方法还是有所保留，但是，在科学的领域里，其实也无所谓老师和学生的区别，我们都是面临这一个难题的攻克者，所以，如果你真的需要数据库，那么，让我去说服政府帮你建立一个大的数据库吧！"

瑞迪教授后来说服了美国政府部门和美国标准局收集并提供了大量数据。我用美国标准局提供的标准大数据，跟多家拿国家钱的机构数据，后来一些不拿国家钱的单位（如:IBM，AT&T）也参与进来，我可使用的数据越滚越大。

除了大数据，统计学的方法还需要非常快的机器，瑞迪教授又帮我购买了最新的 Sun 4 机器。此后每次有新的机器，他都会说："先问问开复要不要。"做论文的两年多，我至少花了他几十万美元的经费。

瑞迪教授的宽容再次让我感觉到一种伟大的力量，这是一种自由和信任的力量。

三

在导师的支持下，我开始了疯狂的科研工作。

当时，我带着另一位学生一起用统计的方法做语音识别。同时，其他三十多人用专家系统做同样的问题。从方法上来说，我们在竞争，但是在瑞迪教授的领导下，我们分享一切，我们用同样的样本训练和测试。

在 1986 年底，我的统计系统和他们的专家系统达到了大约一样的水平，40% 的辨认率。这虽然还是完全不能用的系统，但毕竟是学术界第一次尝试这么难的问题，大家还是比较欣喜和乐观的。

1987 年 5 月，我们大幅度地提升了训练的数据库，采用了新的建模方法，不但能够用统计学的方法学习每一个音，而且可以用统计学的方法学习每两个音之间的转折。针对有些音的样本不够，我又想出了一种英文称为 generalized triphones 的方法来合并其他的音。这三项工作居然把机器的语音识别率从原来的 40% 提高到 80%！后来又提高到 96%。

统计学的方法用于语音识别，初步被验证是正确的方向。

大家都相信了我用的机器学习方法和隐马可夫模型算法，并且抛弃了不可行的专家系统（专家系统只达到 60% 的识别率）。在我的博士论文基础上，后来的 Nuance、微软、苹果等公司做出了业界最领先的产品。

1988 年 4 月，我受邀到纽约参加一年一度的世界语音学术会议，发表学术论文。

这个成果撼动了整个学术领域。这是当时计算机领域里最顶尖的科学成果。

语音识别率大幅度提高，让全世界语音研究领域闪烁出一道希望的光芒。从此，所有以专家系统研究语音识别的人全部转向了统计方法。

会后，《纽约时报》派记者约翰·马尔科夫（John Markoff）来到匹兹堡对我做了采访，文章发表于 1988 年 7 月 6 日，占了科技版首页的整个半版。在这篇文章里，马尔科夫大力报道了我的论文的突破。当时，我只觉得在和一个和蔼可亲的记者聊天，事后，我才知道这是一名才华横溢的著名记者，三次提名普利策奖，并在斯坦福任兼职教授。

后来，《商业周刊》把我的发明选为 1988 年最重要的科学发明。年仅二十六岁初出茅庐的我，第一次亮相就获得这样的成功，让我感到很幸运，也让我有了继续向科技高峰攀爬的动力。

而我也因此拿到了卡内基·梅隆大学的计算机博士学位，这离我 1983 年入学只有四年半的时间。在卡内基·梅隆大学的计算机学院，同学们平均六年以上才能拿到博士学位，我用这么短的时间拿到博士学位，是一项新的纪录。

我也因此破格留校，成为一名二十六岁的助理教授。

四

遗憾的是，虽然我找到了方向和基本方法，但以当时的数据量级和计算水平，语音 AI 研究很难有商业化机会。我最终还是离开科研界，进入商界，用产品改变世界。

三十年过去了，AI 发展的土壤终于肥沃起来。

伴随互联网和移动互联网而来的大数据、高效的计算机运算能力等条件都齐备了。科研人员需要的数据集不再那么难以触碰，只是

需要有人牵头让更多的公司参与进来。这在三十多年前，我还是一个
AI 科研人员的时代，能接触到真实世界里如此海量的数据，是个遥
不可及的梦想。

我当年受惠于瑞迪教授的帮助和指导，今天也非常希望能给更
多和我一样的年轻人，创造研究的机会和条件。

所以，2017 年创新工场联合搜狗、今日头条联合发起"AI
Challenger 全球 AI 挑战赛"，2018 年联合搜狗、美团、美图再次发起
"AI Challenger 全球 AI 挑战赛"。几家公司分别投入大量资金，也拿
出千万量级高质量开放数据集与宝贵 GPU（图形处理器）资源。

同时，我也倡导商界和科研界能采用大量的数据和标准的测试
方法，也欢迎更多的数据公司能够参与到这个平台里。

希望我们推出的 AI Challenger，可以帮助到中国 AI 人才成长。

在我看来，这次 AI Challenger 绝对不只是一个活动，也绝对不
只是一个奖金几百万、年底就结束的竞赛，这是推进中国 AI 人才成
长的重大催化剂。

希望三年或五年后，我们再来回顾这一段时光，我们发现中美
AI 人才之间没有落差了，还能想到 AI Challenger 在这样重大过程中
扮演了一个小小角色，我就感到这一切都有价值。

你们可能无法想象，我有多么羡慕你们，生活在数据爆炸的时代，
有人提供数据和奖金池，让有才华的人一展拳脚。

让 AI 为人民服务

全球百大最具影响力人物，又名"时代百大人物"，是美国《时代》周刊杂志重磅评选的当年世界范围内各行各业一百位最具影响力的人物榜单。从 2004 年开始评选至今，已经走过了十六个年头。

2019 年 4 月 24 日，《时代》周刊在纽约举行首届百人人物峰会。作为 2013 年全球百大最具影响力人物之一，我有幸受邀参加此次峰会并发表《让 AI 为人民服务》(*Making AI Work for Humans*)主题演讲，探讨当今人工智能发展现状，也对大家关心的人工智能带来的隐私安全、就业机会等一系列问题表达了我的观点。

人工智能是新时代的"电力"

人工智能技术就像新时代的"电力"，正以颠覆性的力量改变现实世界。

在中国，取代了现金、信用卡的移动支付技术不仅能够实现快速便捷的支付，还可以使用收集到的数据制定非常智能的财务目标和工具。近些年，基于计算机视觉来移动、分拣物体的仓储机器人，适应于智慧城市全新道路系统的自动驾驶技术，以及能够根据任何主题进行创作和表演的 AI 说唱歌手等人工智能产品，展现着人工智能技术的发展现状。

同时，人工智能在医疗健康、教育等领域也发挥着积极作用。在中国最贫困的地区，利用人工智能技术加上直播技术的辅助，可以把农村学校与身处北京的顶尖教师们连接起来，让这些孩子们享受到优秀的教师资源。与此同时，老师也能在技术的帮助下获得学生的信息，例如他们的名字以及他们在学业上落后的地方，学校还可以使用人工智能来给考试评分，布置家庭作业、为作业打分等。这是非常好的体验，极大地打破教育障碍，可以为需要的人提供帮助。

随着平台和应用程序的建立，普华永道预测在未来十一年，人工智能将为全球创造 15.7 万亿美元的净增量 GDP。随之而来的应用程序覆盖从互联网到商业、感知、计算机视觉、语音识别，到像人一样可以自由移动和工作的自主 AI。这些技术的开发需要时间，将对各个行业领域带来创造性的颠覆。

从这个意义上讲，我把人工智能看作新时代的"电力"。它像电力一样，会赋能驱动很多应用和设备的高速发展，其中很多会超越人类想象。也正是因为它是像电力一样的存在，多年以后，我们也会无法想象没有人工智能的生活会是怎样。

用技术解决技术带来的挑战

许多人在担心人工智能带来的一系列问题，例如隐私安全、就业机会和财富不平等。

隐私安全时常是我们关注的焦点，许多新闻都聚焦在那些未能保护好个人数据和信息的公司，包括蒂姆·库克（苹果公司 CEO）在内的很多人都要求设立更多的规定。我们当然需要制定法规来防治严重的数据滥用行为。但是不应该只将人工智能带来的隐私问题视为一个监管问题，我们可以尝试用更好的技术解决技术带来的挑战，例如同态加密、联邦学习等技术。我们可以设想有一个滑块，每个人都可以选择获得更多安全性或是更多便利性，每个人都有自己的选择权。

随着人工智能普及，人们担心工作被 AI 取代，从而面临更大的就业压力。但我认为 AI 至少无法胜任两项重要工作，一个是创造力，一个是同情心。机器人无法做到人与人之间的联系和信任，无法成为我们的老师、医生和护士。政府需要切实关注教育和培训，以及改变社会对工作中同情心的看法。人们也需要在工作岗位中发挥自己的创造力和同情心——这是人们真正擅长的，也是机器人无法取代的。目前有许多需要同情心的工作，例如有 200 万个医疗保健服务岗位无人问津，因为这些岗位社会地位和收入不高，这些是社会、政府和公司必须要进行改变的事情。

最后是财富不平等问题。中国和美国将成为两个人工智能超级大国，但有一些国家的发展却并不乐观，特别是人口众多且技术基础不发达的国家。这些国家应该加强 STEM（科学、技术、工程和数学）教育并注重服务业的机会；作为人工智能超级大国，中国和美国肩负着更多责任帮助世界其他国家共同发展。

关于 AI 造福人类，我们希望能够通过不断调试，找到人工智能为人类带来长期的更大利益的平衡点。虽然人工智能技术的发展存在着隐私安全等问题，但我们可以通过技术解决这些问题。如果我们回首思考技术革命，就会发现每一次技术革命最终产生的利大于弊。凭借这一信念和信心，我们将加速人工智能的普及，伴随这些进步，真正意义上让 AI 的普及可行。

人工智能时代已经到来，我们需要积极拥抱它。

AI+ 时代：下一波创新浪潮

今天我想跟大家分享的是第四次工业革命。

施瓦布先生告诉我们，历史上的技术革命可以这么做一个分类：从蒸汽机为主的第一次工业革命，到电气化带来的第二次工业革命，再到信息、互联网、移动带来的第三次工业革命，最后是 AI 带来的第四次工业革命。

从中国发展的角度来说，我们其实错过了第一次和第二次，第三次我们表现得还是很不错的。我预测——中美会带领全球来开拓这第四次的工业革命。

那么 AI 的技术到底是什么？

其实，AI 就是用海量的数据来做非常精确的抉择、判断或者分类。在过去的这五年，AI 有了突飞猛进的发展，所以我们可以有非常高的期待——期待可以再一次看到和前三次的革命一样辉煌的过程。

我们只要看过去这 100 年里，最有价值的十个公司在全股市上的表现，就可以非常明确地看到，早期是以工业来驱动的，之后会看到一些消费者的产品，也开始看到一些技术类的产品。

但是到了 2017 年我们就会发现两个有意思的现象：第一个现象，就是在中美最有价值的十个公司里面，有七个都是顶级的高科技公司，而且这七个公司都是既有第三次工业革命的基础（也就是 IT、移动互联网）也有 AI 萌芽的状态。第二个现象，就是在 2017 年，我们首次看到了两家顶级的中国公司进入了前十的行列。

过去如果说，我们认为石油或者电是最有价值的东西，那么在今天的世界里，在即将引领 AI 革命的世界里，最有价值的则是全球化的快速发展的数据。

从我个人的例子来说，我自己在三十一年前发表的博士论文，用了海量的、巨大的数据。我的导师非常慷慨地给了我 10 万美金，那个时候，我每个月的奖学金只有 700 块钱，他给我 10 万美金。当然不是给我的，是让我去买一个超级大的硬盘。这个硬盘非常的大，有 200 多公斤。但因为有了这么海量的语料，我才做出了当时最好的语音识别系统。

那么这 10 万美金，200 多公斤的语料，到底装了多少呢？装了 100 兆。

大家可能都忘记了三十五年前的储存是多么贵啊！

那么，为什么今天顶级的语音识别系统远远把我当时开发的系统抛在后头了呢？主要的理由就是，他们用了 100 万倍的数据量，训练出了这样的 AI 模型，所以海量的数据是特别的重要。

我也多次提到了，在新的 AI 革命中，data is the new oil，即数据就是我们新时代的石油和推动力。当然全球化会继续的发生，会非常的快速。我们可以看到，相比前三次的革命，第四次革命肯定会来得最快。

为什么它来得最快呢？

我们遥想，当年把电网铺出来是多么漫长的过程，但是今天 AI 差不多才火了四五年，我们在亚马逊云或者阿里云上就可以直接调用 AI 了，数据是拿来就可以直接创造价值的。而且几乎可以说，上一波的浪潮，就是互联网的浪潮，它累积了数据，那么我们 AI 浪潮直接用这个数据就可以产生价值了，所以这是一个非常快速迭代的第四波浪潮。

从第三波到第四波浪潮，我们还可以看到的一个现象是，中国在这段时间里，开始从一个模仿者进入到一个创新者。十年前，中国的顶级公司基本都是仿效美国的公司，之后中国有所谓的微创新，再之后中国有很多的点子是全球都没有看到的。

这里举几个例子，今日头条、快手、VIPKID、摩拜、映客、拼多多、蚂蚁金服……都是中国创新的模式，今天我们已经跨越了从 copy to China 到一个 copy from China 这样一个新的时代。

我们也可以看到中美其实有同样强大的科技公司，创造了非常不同的环境。

那么回到 AI，到底什么事情导致了 AI 的到来？

刚才谈到了海量的数据、更快速的计算，但是同样重要的是一个巨大的发明，这个发明叫做"深度学习"。当然之前、之后都会有发明，但是深度学习它带来的变革，就和当年的电力是一样巨大的。它将成为一个非常好的平台，在上面可以架各种不同的应用。

"深度学习"就是刚才我说的一个大黑盒子，你把海量的数据丢进去，然后告诉它学什么，它就能帮你优化。比如说，我把很多句话丢进去，告诉它每一句话讲了什么，它就能识别任何人讲的词，任何的字。我如果把银行的好账跟坏账丢进去，它就可以分辨一个新的贷款，更可能是好账还是坏账。如果我把各种股票投资数据丢进去，然后告诉它一个月后股票是赚钱还是赔钱了，它就能分辨出哪些是更可能赚钱的股票，哪些是更可能赔钱的。

它就是这么巨大的一个魔术性的盒子，能够做单一领域的、基于海量数据的判断和抉择，所以当它被用在各种领域的时候，它就能创造各种价值。

在过去的四年中，我们看到了 AI 击败了世界围棋冠军，还有几乎任何的游戏。当然，它不只是在游戏的领域，今天的 AI 在国内可以考过医学界的高考；在日本几乎可以考上东京大学；还有 AI 做的最好的语音识别能比人类识别得更精确，最好的物体识别比人类识别得更精确；然后再加上无人机等等各种的功能……我们可以看到，AI正处于一个百花齐放的时代。

当然你听我说了这么多，可能说李开复自己是做 AI 投资的，是不是在不断地吹捧他自己的工作呢？我们就找一个保守的机构——普华永道来说。

这是普华永道对未来 AI 的一个预测：在未来大约十年中，就是 2030 年底，AI 将为全世界创造 16 万亿美金增额的 GDP。这 16 万亿美金里面有 7 万亿美金是来自于中国。麦肯锡也做过类似的研究。

在我的新书中，我描述了一共有四波 AI 浪潮。因为 AI 是需要海量的数据，所以第一波浪潮一定是互联网——数据最多的领域，你可以看到各种应用。

第二波浪潮里还有什么行业会有很多的数据？金融业肯定是最多的，而且这些数据都和互联网数据一样，是标注的、精确的、海量的而且是虚拟的，并没有什么物流制造来放缓我们产品化的过程。当然我们也可以把它用在教育、政务，还有后台等等各种地方。

第三波浪潮就是 AI 能够有眼睛、有耳朵，能感触、能听、能看。刚才已经讲过了语音识别、计算机视觉，但是远远不止这两个像人的听觉和视觉一样。当计算机有了视觉的时候，我们就可以做无人商店了，在店里可以看着我们摸了什么、拿了什么，借此来预测我们未来会购买什么。我们也不再需要收银员了，我们自己放到口袋里它就知道我买了什么，出门的时候就直接用我们的移动支付付钱了，它就真的成了一个无人的商店。

另外，我们人类主要靠听觉和视觉，但是计算机以后可以有无数的触角。一个好的 AI 算法，它有很多传感器，这些传感器除了听、看之外，它可以感受到热度、湿度，所以对农产品会有非常清晰的了解，它会知道什么时候需要施肥、需要浇水，哪些地方能成长多少白菜……这些都可以算得很清楚。它还可以做三维重建。比如说我们用 iPhone 来做人脸识别的时候，有没有发现房间很黑的时候，依然能够解锁你的 iPhone？为什么呢？那是因为有结构光的技术，让它在黑暗的时候都可以看清。这些功能会让 AI 远远超过人类的能力。因为它不只是听和看，还有其他的传感功能。

第四波浪潮就更神奇了，AI 能够动了。它有手有脚，能够触摸，能够移动和操作（move and manipulate），这个 AI 就变成了机器人、智能工厂、仓储，还有无人驾驶。

所以通过这四波浪潮你可以认识到，几乎没有哪个领域不会受益于 AI。

今天 AI 有很多很厉害的黑科技产生，但如果我们仔细去观察，可能会问："AI 真的有应用到你的领域吗？"

我们拥有基础庞大的传统行业，或者你们的家人、亲朋好友来自传统行业。如果你问一问他们："你们的公司用 AI 吗？"他们的回答应该是只有 4% 的公司用了 AI。

AI 的发展空间还是特别巨大的，可以说今天的 AI 还在中国黄页时代，最多算是当时马云先生创的中国黄页，或非常早期的雅虎黄页（Yahoo yellow pages），其他的那些技术都还没有被发明。你可想而知，从互联网黄页时代到之后的发明是多大的一个比例；或者，可以比作那个电网还没有出来的电力时代。

所以 AI 会经过四个过程，首先是以 AI 技术为主的创新创业；之后是 AI B2B，作为一个产品有针对性地为你的行业来服务，最好是你数据已经有了；第三波是把 AI 注入传统行业——我是个传统行业，我有自己的流程，但是我如果能够有一批 AI 的工程师来帮助我做事情，就能够提高效率、降低成本，这叫做 AI Infusion 或者叫 AI+赋能；那么最后当然就是到处都是人工智能（AI everywhere），无所不在的 AI。

其实这跟互联网是一样的。我们可能会记得二十多年前，我们都认为浏览器是一个很神奇的东西，就像早期阿尔法围棋（AlphaGo）一样；但是之后大家发现，没有那么难，很多人都可以做，于是就开发了浏览网站的服务器、网站的编辑工具，这就等于是第二阶段的 B2B 功能；再之后，每个公司都要想："我怎么去用互联网？"，再后来大家每天工作都是互联网了，就没什么"我怎么去用互联网？"这样的问题可问了，所以我们现在正在第二和第三波浪潮的中间。

好，那么我们第三波是即将来到的浪潮，也就是说所有的传统工业。什么叫传统工业？可能从比较高科技的传统工业，比如说制药，到一些比较不那么高科技的，比如说钢铁石油，都会用上 AI。我们想到 AI 就想到互联网公司，只是因为互联网是有最多的数据，因此是最低垂的果实。

那么 AI 将怎么被传统公司使用呢？

第一种就是传统公司流程不变，数据拿进来用，用数据来优化已有的流程；第二，有了 AI 以后要修改一些流程，让它得到更大的益处；第三就是用 AI 来彻底颠覆一个传统行业。第三个当然是最伟大的、最有颠覆性的、最难的也是少数的，但是这三者都会发生。让我现在每一种举两个例子给大家。

局部优代（Local optimization），就是说我们流程不变，只是用数据跟 AI 进来取代部分的流程。那么最标准的例子，是企业级的服务，也就是现在外包到印度的那些服务。

比如帮你做报账，或者是财务上简单数据的处理，或者是后台的 IT 服务，这些东西现在有大量的人力在印度帮着解决了，主要是以欧美为主的大企业，当然中国的企业可能是内部来解决了。

我们发现，只要在这些重复性工作的白领的电脑上装一个软件，就会每天看着这些人做什么工作。然后经过一两个月的观察，可能一次看 3 万、5 万、10 万个人，就会发现这个工作量里面 10% 或 20% 是机器 AI 可以做的。然后就可以把人的 10% 到 20% 的工作解放出来，这些人可以做更多其他的工作，或者可以减少一些人力来降低成本。这个 10% 到 20% 是最少的，在有些例子中可能会取代 90% 的工作，所以 AI 就像我上一本书上讲到的，最大的力量、最快能得到的价值就是取代人类重复性的工作。

第二个类似的例子是接电话，就是我们的客服电话，其实 80%

的电话都可以用 AI 来解决。比如说你想知道我可不可以退这个产品、该怎么退，或者是颜色怎么换、如何使用等等，这些用 AI 都可以像人一样，甚至比人的服务能达到更高的满意度。当然如果你发火了，对这个公司超级不满，要打过去宣泄一下你的情感，这个时候还是要人来处理。我们的 AI 可以分辨哪些是机器可以处理的，那 80% 的成本就省掉了，所以一个 call center（呼叫中心／客服中心）可以大大地降低它的成本。

第三个例子它更高级一点，就是用 AI 来改变流程。比如说我们和一个顶级的零售超市合作，那么 AI 能够帮助我们节省员工的培训，但是更重要的是，我们能预测每一家商店明天会卖多少商品，每一个商品在每一家商店的零售是多少，再让 AI 对接上你的物流和供应链，它就可以帮你的公司省下很多很多的钱；28% 的存货都可以降低，你就不用在存货里面浪费时间和钱，因为存货你不卖掉是浪费，存货不足也得不到收入。更大的一个影响是，很多店长主要是做预测的，而现在，AI 也可以把店长的大部分任务取代了。这倒不是说取代店长能省多少钱，而是说伟大的企业都是有能力快速扩张的，但问题是找优秀的店长是很难的事情，这里突然就不用再找店长了。还有，你的货品，像蔬菜和肉也会更新鲜，因为我们能确保不会过分地去储藏那些卖不掉的货品，所以这就是改变了整个零售公司的流程。

另外一个例子就是我们应用卫星图像。你能够清楚地看到土壤的湿度是多少，就可以预测今年白菜、黄瓜会怎么成长；你还可以看到油桶里面储存的油，当油盖被打开的时候，我们可以根据太阳的位置和太阳照射进去的角度、阴影，来推测每一个油桶里有多少油，就可以非常精确地知道世界上每个国家、每个城市有多少油存在。

再一个例子就是购买股票。今天买基金是千人一面的，但是未来我们可以千人千面，针对每一个人的需求，定制化地把各种信息丢到机器里面做一个最标准的、最符合用户可容忍风险度的投资；而且它所采纳的信息是基金经理不可能看到的。它可以了解每一个公司，比如今天员工是不是很开心。怎么做呢？到抖音上面去扒一扒大家今天发了什么，就可以猜出来。这些东西跟股票的价钱都可能是相关的。

最后一个例子是发明新的药物。如果我们使用传统的方法，可能是一些科学家根据经验去猜什么药物能治什么病，但是如果加上了人工智能我们现在可以把发明新药的速度用生成化学、对抗式网络，再加上自然语言，三者结合起来，发明新药的时间可以节省 3/4。

所以这些带来的是巨大的商业价值，当然 AI 也带来了很多挑战。

有人今天会谈很多的隐私安全、工作的替代，还有贫富的差异，这些都是 AI 可能会带来的一些巨大的挑战。但是我认为，虽然各国政府都已经了解这些挑战，而且开始研究怎么治理，但更重要的是，这些技术带来的问题最终很可能都要由技术来解决。就像当年的病毒是用防病毒软件来解决的，今天的隐私问题、安全问题都可能有新的技术去解决。所以要相信我们做技术的，相信我们看到的问题，承认它的存在，并尽量去解决它。

做一个总结，今天我们看到的人工智能就相当于新的电力，它会进入所有的行业，包括传统行业，它一定不再是创造很多 AI 黑科技的独角兽，而是为传统行业创造价值。那些拥抱 AI 的传统公司，他们会胜出；那些不拥抱 AI 的传统公司，他们可能会消失。

最后我们会看到，今天中国和美国都在快速发展，中国有些传统行业还是比较落后的。但是恰恰因为落后，在这个时候就可以拥抱 AI。也许有一些中国的传统行业，它还没有做信息化和数据化，那么这一次我们就可以享受由三个技术（信息化、数据化和 AI 化）带来的红利。

所以 AI 将改变世界，我们期待和大家一起迎接这美丽的未来！

著作权合同登记号　图字 01-2019-7923

图书在版编目(CIP)数据

智慧未来/李开复著.—北京:人民文学出版社,2020
ISBN 978-7-02-015871-3

Ⅰ.①智… Ⅱ.①李… Ⅲ.①人工智能—文集②青少年教育—文集
Ⅳ.①TP18-53②G775-53

中国版本图书馆 CIP 数据核字(2019)第 268898 号

责任编辑　薛子俊　李　宇
装帧设计　崔欣晔
责任校对　李晓静
责任印制　徐　冉

出版发行　**人民文学出版社**
社　　址　北京市朝内大街 166 号
邮政编码　100705
网　　址　http://www.rw-cn.com

印　　刷　天津千鹤文化传播有限公司
经　　销　全国新华书店等

字　　数　195 千字
开　　本　880 毫米×1230 毫米　1/32
印　　张　10
版　　次　2020 年 4 月北京第 1 版
印　　次　2020 年 4 月第 1 次印刷

书　　号　978-7-02-015871-3
定　　价　45.00 元

如有印装质量问题,请与本社图书销售中心调换。电话:010-65233595